中国市长培训教材⑦

# 城市公共空间规划设计

夏建统/著
全国市长研修学院/组织编写

中国城市出版社
·北京·

**图书在版编目（CIP）数据**

城市公共空间规划设计 / 夏建统著. —北京：中国城市出版社，2012.8
中国市长培训教材
ISBN 978－7－5074－2643－4

Ⅰ. ①城…　Ⅱ. ①夏…　Ⅲ. ①城市空间－空间规划－建筑设计－中国－干部培训－教材　Ⅳ. ①TU984.2

中国版本图书馆 CIP 数据核字（2012）第 209755 号

责任编辑　陈夕涛
封面设计　美信书装设计工作室
责任技术编辑　张建军
出版发行　中国城市出版社
地　　址　北京市西城区广安门南街甲 30 号（邮编　100053）
网　　址　www.citypress.cn
发行部电话　(010) 63454857　63289949
发行部传真　(010) 63421417　63400635
总编室电话　(010) 68171928
总编室信箱　citypress@sina.com
经　　销　新华书店
印　　刷　北京中科印刷有限公司
字　　数　232 千字　　印张　17.5
开　　本　787×1092（毫米）　1/16
版　　次　2012 年 12 月第 1 版
印　　次　2012 年 12 月第 1 次印刷
定　　价　90.00 元

# 总　序

中国市长培训工作始于20世纪80年代初期。当时的中国刚刚结束“十年动乱”，城市建设同其他领域一样都处于百废待兴状态，同时很多城市领导者不熟悉城市建设的问题也比较突出。在时任国务院副总理万里同志的倡导下，为适应改革开放和城市现代化建设的需要，中国开始了市长培训历程。1983年10月，由中组部、建设部（住房和城乡建设部前身）和中国科协共同组织开办了首期市长研究班。到目前为止，共举办各类市长研究班近百期，培训市长6300多人次，为指导和推动城市现代化建设做出了重要贡献。

党中央、国务院一直高度重视市长培训工作。历任中央领导同志，都曾多次接见过市长研究班学员并做出重要指示。胡锦涛同志在直接主管干部培训工作期间，曾两次对市长培训工作做出重要批示，要求以城市规划、建设、管理为主要内容，以提高管理现代化城市的能力和水平为目标，不断改进教学方法，提高教学质量，注重培训效果，努力把市长培训工作做得更好。温家宝同志、贺国强同志曾亲自接见市长学员并与学员座谈。2008年5月，中共中央政治局委员、中组部部长李源潮同志接见全国特大城市城乡规划专题研究班学员并作重要讲话时，高度评价了有史以来的市长培训工作,并以贯彻科学发展观为主题,对进一步做好市长培训工作提出了殷切希望和要求。

为贯彻党中央、国务院关于努力做好市长培训工作的一系列指示精神,我国一大批专家学者和政府官员倾注了大量心血,提供了丰富多彩的理论与实践相结合的教学课程。联合国及有关国际机构的专家学者和官员,也在中国市长培训教学过程中,给予了重要的教学支持。不仅如此,通过不断深化市长培训教学改革,新的教学资源建设已形成常态更新机制。这些宝贵并且时时更新的国内外培训教学资源,不仅在当期市长培训过程中发挥了重要作用,而且对今后的市长培训教学仍有重要价值。

中国目前正处于城镇化高峰时期,借鉴世界的城市化经验和已经走过的历程,中国未来的城市建设任务会更加繁重。以往的城市现代化建设,我们已经取得了令世界瞩目的成就,但是存在的问题也很突出,特别是与科学发展观的要求和国际先进水平相比,我们还有不可忽视的差距,未来的城镇化建设仍然面临着严峻挑战。同时,虽然现今城市领导者科学素质和领导能力已经有了显著提高,但是知识和能力的更新永远是客观要求。还有就是城市领导的岗位变动和自然更替,也需要跨领域的熟悉过程。更重要的是,城镇化的惊人发展过程在促使许多勤于学习的市长在岗位的实践中成长为富有经验的优秀的城市管理者。按照国际通行概念,中国的建制镇也属于城市范畴,而中国的建制镇目前已有两万多个。因此,对于中国城镇化的科学发展过程来说,中国的市长培训工作仍然是任重而道远。

为了更好地适应市长培训工作需要,充分发挥市长培训教学资源在促进住房和城乡建设事业在科学发展过程中的咨询引导作用,在中组部、住房和城乡建设部、中国科协的大力支持下,全国市长研修学院以科学发展观为指导，组织国内外资深专家学者和政府官员，于2009年开始着手编写系列化的市长培训教材。已出版的《城镇化与城乡统筹发展》、《城市安全与应急管理》、《低碳生态城市理论与实践》、《建筑文化与地域特色》等书，就是首批教材成果。这次即将出版《城市固体废物管理》、《城市交通规划与管理》、《城市公共空间规划设计》、《低碳城市设计原则与方法》等书。今后还将陆续出版发行更多包括引入国外为我所用的教材。这些教材不仅可以用于市长培训教学，也可以作为对城市建设与发展感兴趣的其他读者包括大专院校的学生学习参考。

需要说明的是，市长培训虽属教育范畴，但与规范的国民教育还是有区别的。其中最重要的区别就是教材不是法定规范教材。因为城市的建设和发展会不断出现新情况和新问题，如何应对这些新情况和新问题并没有现成的答案。即使对于过去已经发生的事情，在认识论和方法论上也不是一成不变的。因而，教材中的错误和不当之处是在所难免，所谓的市长培训教材，也绝不是金科玉律，只能是城市领导者在施政过程中的咨询参考。诚恳希望城市领导者及所有的读者对此给予宽容和谅解，并提出宝贵意见和建议。相信教材编写工作者一定会虚心接受并不断加以改进。

2012年9月10日

# 目录

# 目录

目录

# 第一章

# 迷失的城市

## 第一节　理解城市

城市是一个几百万人一起孤独地生活的地方。

——亨利·大卫·梭罗(Henry D Thoreau)

19世纪美国作家和自然主义者亨利·大卫·梭罗(Henry D Thoreau)有句名言:"城市是一个几百万人一起孤独地生活的地方。"[1]在他最为人知的《瓦尔登湖》一书中预测了工业文明和后工业化时代未来人们生活的方式,展望了人类与自然能完美融合的生活方式。

要改变这种孤独的生活状态,我们需要对城市有着更加深刻的理解。

美国城市学理论家刘易斯·芒福德(Lewis Mumford)指出:"人类用了5000多年的时间,才对城市的本质和演变过程获得了一个局部的认识,也许要用更长的时间才能完全弄清它那些尚未被认识的潜在特性。"[2]城市化浪潮如此迅猛,蒙蔽了人们洞察城市本质的双眼。

如果把城市与农村进行一个简单的对比,会发现城市是一个拥有更多人、建筑、汽车等资源的地方,而农村则是一个拥有更多自然的地方。虽然这样的对比有点局限，但不可否认的是，社会的主要资源都集中在城市，城市就犹如一个各种资源混杂的综合体。

这个所谓的“资源”，就是城市的优势和动力，它能吸引众多人群的会聚，并为人们提供众多的服务。16世纪的意大利哲学家乔瓦尼·博特罗（Giovanni Botero）认为：“城市被认为是人的集合，人们集聚在一起是为了活得更好，过上富裕安逸的生活。城市之伟大，并不在于其占地的大小或城郭的长短，而在于城市居民的数量及其影响力。如今，人们由于各种各样的原因和情况迁移到了城市，聚集在一起：一些人由于权势，一些人由于压力，一些人由于乐趣，一些人由于利益。”[3]而约翰·里德（John Reader）在《城市》一书中也描述了城市对于外来人口的吸引力：“一些人移居到城市是因为在家乡他们需求过多而资源有限；另一些人则是因为他们想去闯荡，寻求城市里的各种机会，无疑还有一些人是同时受到这两种又推又拉的影响”。[4]

但是，当这个“资源”达到一定程度的时候，资源的管理和配置往往就变得比资源本身还要重要。然而，在这个资源最为集中的地方，人们往往只关注城市赏心悦目的外部形象，或者说只是关注资源的表象，却不曾知晓更应被关注的是城市所凝聚的各种功能，以及这些功能间相互激发，并因人的聚集而促进各种活动的发展和能量的关系，也就是资源的内在关系。

如今，城市面临着众多的问题：环境恶化、交通拥堵、能源紧缺、气候灾难、人口拥挤，等等。从某种意义上来说，这些问题的产生正是基于对资源管理和配置的不合理造成的，每个城市都有其自身的困难和挑战，但无论如何，世界上众多城市在本质上是相同的。

一直以来，人们都试图去改变并营造更加适合人类居住的城市空间。无论是倡导城乡结合的霍华德“田园城市”、主张分散城市布局的赖特“广亩城市”、设想集中布局的柯布西耶“光明城市”，还是当前人们热衷的“低碳城市”、“生态城市”，都是人们对当前和未来城市发展愿景的一种思考，简单地说，其本质也是对城市资源合理配置的一种探索和构想。

# 一、城与市

有学者将城市定义为人类进入文明社会的标志，需要强调的是，城市不仅代表了人类物质文明的进步，更是人类精神文明的象征。

“城市”从字面上理解是“城”与“市”的组合。在古代，人们在战略性要地或人口重镇建起防御功能的城墙、城门、护城河等称为“城”，[5]也称城池，打仗被称为“攻城略地”。可以看出，“城”强调了城市的外部形态。

而“市”与“城”有着不同的本意，“市”起源于商业交换，是人们为了互通货物而从不同的地方、不同的行业集聚到一起而形成的。古代社会“市”常与“井”连在一起，《史记·平准书》注：“古未有市，若朝聚井汲，便将货物于井边货卖，曰市井。”水井作为古代人们重要的公共财产，常成为妇女们汲水时逗留、交际的场所。[6]从中可以推断，市井不仅是商品交易之处，也是人们公共生活的场所。

追溯历史，便会发现城与市之间有着不同的历史和文化性格。如今的城市没有了城墙与城门，取而代之的是林立的高楼与便捷快速的道路交通体系，“城”的范围也更为广泛，它包括了人为建设的各种设施，如交通、文化、体育、休闲、历史、生态景观的设施，以及居住的建设等各类硬件。

从某种意义上来说，城市规划就是要协调好城市中各种资源之间的关系，尤其是城市与自然的关系。

城市所展现的外部形态已成为人类科学与技术进步的象征。人们对城市生活环境改善的要求也在城市的外部形态上充分展现。人们是如此重视“城”的建设，却忽略了对城市的发展起着关键作用的“市”。在现代经济运行机制下，“市”已不是简单的货物交换场所，而成为市场经济下新型社会关系与文化形态的展示场所，它不仅指代新型的市场与产业，也包含了依托于城市外部形态下的城市内涵。“市”是相对于城市硬件的城市软件，它体现了城市外部形态支撑下的人的社会行为和城市的经济行为，是人们在城市中丰富变幻的生活。可以理解为，“市”是城市纷繁的物质形态表象下的城市主体，是城市发展的原动力。然而，只有“城”与“市”很好的融合，城市才能发挥出最大的效力。

从某种意义上说，城市规划就是要协调和管理好城市中各种资源的合理分配与利用。这些资源包括建筑、道路交通、自然资源、公共设施与功能、开放空间等，也就是要协调好城市中的“城”和“市”、“硬件”和“软件”的关系。

而在这个资源分配过程中，最为重要的是“市”在整个城市中所起的作用，无论是称之为城市的润滑剂还是城市的动脉，它都将决定着城市的品质和质量。

城市公共空间作为“市”中至关重要的元素，是社会关系及城市文化的重要展示场所，其设计和应用将对城市的竞争力及可持续发展有着不可忽略的重要意义。

## 二、生活的态度

只有山的生命足够长，所以他能够理解。

——阿尔多·李奥帕德（Aldo Leopold）

生态决定生活的态度，垂直绿化、生态屋顶的广泛普及正体现了城市人对自然的向往。

随着城市化进程的加快，已经有超过50%的世界人口属于城市，到2050年，将会有三分之二的世界人口被城市化。在发展中国家，乡村人口向城市迁移的势态显著，而发达国家城市则呈现城市人口萎缩的趋势。城市发展的成功与失败是人类可持续发展的重要挑战。

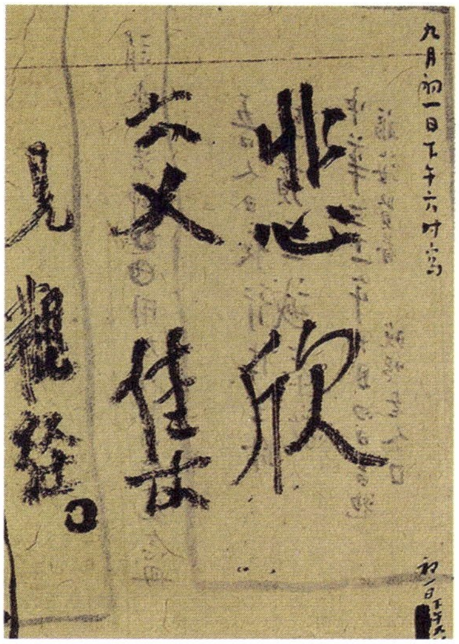

弘一法师圆寂前留下绝笔手书“悲欣交集”，寥寥四字，无穷玄机，给世人留下了无尽的猜测。

生态，将是城市发展与人类可持续发展的必经之路。

伊恩·伦诺克斯·麦克海格（Ian Lennox McHarg）认为在城市和乡村都同样需要自然。[7]被誉为“生态设计之父”的他希望城市与自然是一种“天人合一”的状态。

但与此相反，当今城市根本没有这种天人合一的理想状态。今天的典型城市大多被高楼大厦、纷杂的街道和公路以及灰色的汽车尾气所包围。

大自然已经向人类敲响了警钟，近年来频繁发生的地震、洪涝、海啸等自然灾害让人类尝到了对自然界无情掠夺的苦果。我们对地球资源的霸占与挥霍正使我们的生活糟粕不堪，也剥夺了后代们本该享有的美好生活。这一切都源于人类对生态的忽视以及对生态的错误理解。

对于生态，每个人都有不同的理解。

我在《一段探索自然和文化的精神之旅——从西方到东方》一书里曾有过这样一段话，是对生态另一个层面的理解：“更多时候，基层的城市建设者们认为，一个生态的城市标准无非是绿化率的多少，无非是植物、绿地面积的多少。其实，生态不仅仅是绿量的多少，生态也不仅仅是简单的自然元素的堆积。从更加广义的角度来定义‘生态城市’，是指一个城市在发展中建立起一个环境健康、社会公正、经济合理的平衡体系。”[8]

而在散文集《手心手背》一书中也曾有一段关于设计层次的精妙阐述，现摘录如下：

艺术大家丰子恺说："我以为人的生活，可以分作三层：一是物质生活，二是精神生活，三是灵魂生活。"丰子恺认为人生就是在爬这样的三层楼，但他认为不是每个人都能爬到顶，也不是每个人都要循层而上。

设计的宗旨其实也大体一样。设计的第一层次乃是满足物质的需求，于是多注重使用功能的需要；第二层次是精神的需求，于是艺术和美的追求就是重要的标准；而第三层次则是对灵魂的回应，它不仅仅囿于文化的认同、精神的熏陶，更涉及宗教的信仰。而每个设计，也并非因循相同的原则，因人而异，因物不同。

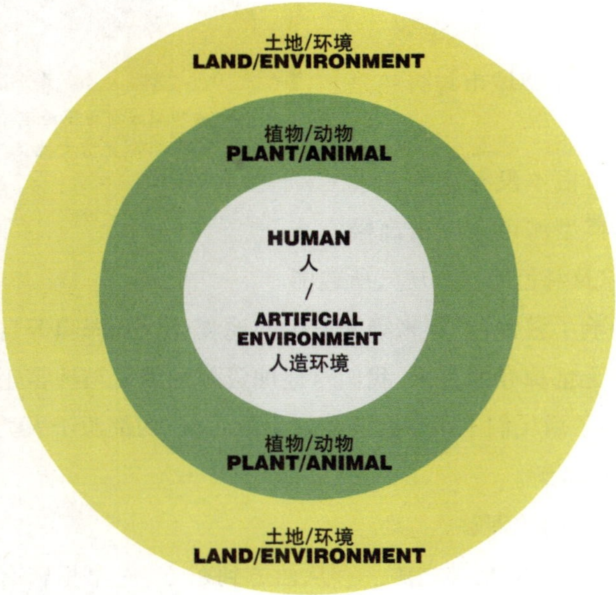


生态价值圈——三个层次

第一个层次：所谓"以人为本"的原则；

第二个层次：考虑动物甚至植物的权利和福利，类似于人道主义的考虑范畴；

第三个层次：考虑土地和环境的伦理关系，主张一个完整、稳定、美丽的生物社群。

对于这个"三层论"的总结，想来丰子恺是因为他的老师弘一法师的经历而得出的。丰子恺一直虔诚地相信，他的老师弘一法师便是"循层而上，最后通往了人生的顶层"的典型例子。

"生态，生态，生活的态度。"这也许是对生态最简洁明了的诠释吧。

对城市的生态也可以从三个层面来思考：当我们提倡"以人为本"的原则时，

只是着眼于人与人造环境之间的关系，考虑了人的需求与感受，是不具备长期发展与再生的潜力的。第二个层面是人们开始考虑动物以及植物的权利与福利，这是类似人道主义的思想。第三个层面是我们开始关注土地与环境的伦理关系，主张一个完整、稳定而美丽的生物社群。

生态理念为人类及城市的可持续发展指明了方向。这里的生态并不局限于生物学上的含义，而是一个更深层次的概念，它包含了社会、经济以及人造环境与自然环境协调的整体生态化。生态的城市便是要实现城市经济、社会以及复合环境生态系统的整体协调、稳定有序的演进过程。其中，在社会方面，人们应建立自觉的生态意识和价值观，使社会进步与经济发展相适应，建立一个公平、诚信、自由、人权、无暴力的社会环境，这也将成为城市文化和城市品质的主要内容之一。而在经济方面，表现为可持续的生产与消费模式，不仅要实现清洁的生产与文明的消费，更要重视产品质量的提高而不仅仅是数量增长，提倡节约型经济模式，提高资源的利用率和综合利用水平。在整体的环境层面，应以保护自然为前提，开发建设活动要与自然环境的承载能力相协调。

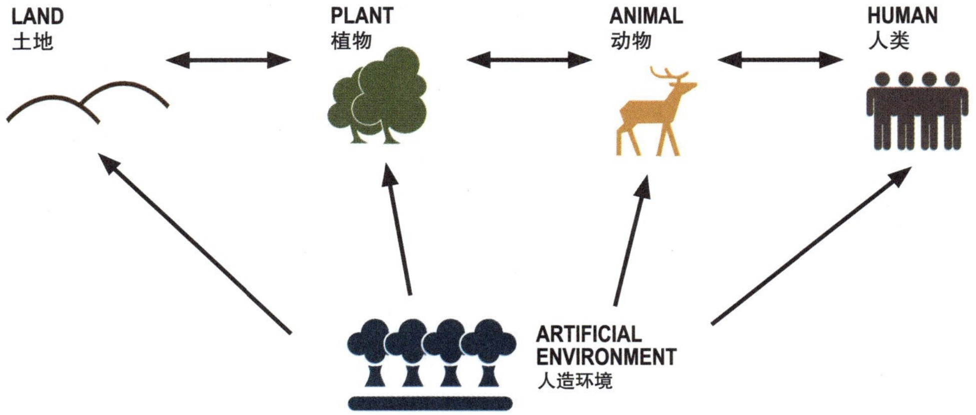


单箭头的两者关系是单方向的，而双箭头的则表示是互相作用的。从价值链传输的角度看，两者离得越远，互相影响反馈的时间就越长。

伊利尔·沙里宁（Eliel Saarinen）曾说过："城镇建设——利用城市设计的过程，是要使城市社区得到有机的秩序，并且，在这些社区发展时有秩序地保持其生机，

台北：自然与城市的融合。

这种过程基本上同自然界任何活的有机体的生长过程相似。那么，我们完全可以依照对一般的有机生命的原则进行研究。”[9]生态理念强调的是，当我们将城市作为有机生命体进行研究与建设的同时，更需将它放入更大层面的生态系统，考虑其发展的生命力与可持续性。关注城市的社会、经济与整体环境的协调与平衡，实现可持续发展，这将是城市发展的最终目标。在城市生态化发展的前提下，对城市公共空间的需求与理解也将具有新的价值观和新的视角。

土地伦理学的奠基人阿尔多·李奥帕德（Aldo Leopold）说："只有山的年龄足够长，所以他能够理解。”[10]历史久远的城市也一样。

萨尔茨堡：河流见证了城市的历史。

# 第二节　迷失的城市，失落的空间

在人们的记忆中，城市不是高楼便是大厦，高楼越多，代表着越“城市化”。而生活在那里的人们，奔命于形形色色的钢筋混凝土之间，在大楼的阴影和密布的道路网中游弋。

土楼是原始的生态型绿色建筑。现已成为旅游景点的土楼，其围合所形成的中心场所是这个“小社会”中交流、沟通、玩耍的主要空间。

全球化的今天，金融经济市场一体化的结果让全球经济体系变得庞大无比，而且失去了传统经济学中可以有所界定的“尺度”、“规模”等概念。与此类似的，后工业时代，尤其信息化技术以及物流不断完善而导致的城市概念也发生变化，城市的“尺度和规模”也越来越难以确定。

与此同时，人们越来越强烈地感觉到“小而全”的城市才能让人更容易体会到生活的幸福。在中国，这些很容易让我们回忆起那些传统聚居模式中的经典——上海的里弄、北京的四合院和胡同、福建的土楼，以及江南的水街。已被列为世界文化遗产的福建土楼，这个被称之为“大家庭、小社会”的“东方古城堡”显然是一个城市与公共空间之间的缩影，土楼所围合形成的中心院落正是这个“小社会”中交流、沟通、玩耍的主要场所，它建立起了这“大家庭”中人与人之间沟通的桥梁。这些才是人们喜欢和乐意逗留的地方，这种规模和尺度的空间构成了最具活力和魅力的生活场所。

公共空间作为城市中的“桥”，它不仅是连接建筑与建筑、建筑与水、建筑与自然之间的“桥”，更重要的是，它是城市中人与人之间心灵沟通和交流的“桥”，其重要性是不言而喻的。

威尔金森·艾尔（Wilkinson Eyre）在英国伦敦弗洛勒尔大街（Floral Street，London，Britain）上的皇家芭蕾舞学院（Royal Ballet School）与皇家歌剧院（Royal Opera House）之间设计了一座渴望之桥（Bridge of Aspiration）。伦敦皇家歌剧院落成于1732年，是伦敦最负盛名的老牌剧院之一，现为世界四大歌剧院之一，而皇家芭蕾舞学院则是享誉全球的舞蹈学府。这座桥的巧妙之处不仅在于其本身造型的优美、灯光的优雅，最为重要的是其将两个学院的不同楼层进行了很好的连接，让在学院的师生和在剧院演出的演员之间有了交融和交流的桥梁。人们行走至此，抬头可欣赏空中别致的廊桥品貌非凡，侧目可见到楼内曼妙的舞姿穿梭往复，翩然于“梦想”与“现实”之间，真可谓“梦想照进现实”。

土楼这个被称之为“大家庭，小社会”的“东方古城堡”，已被列为世界文化遗产。

英国伦敦弗洛勒尔大街（Floral Street，London，Britain）上皇家芭蕾舞学院（Royal Ballet School）与皇家歌剧院（Royal Opera House）之间的渴望之桥（Bridge of Aspiration）。

然而，现在的城市，在城市化过程中不断强调其"规模"，丧失了应有的"尺度"，忽略了对"桥"的重视。其忽视的不仅仅是表层的建筑，更重要的是心灵的场所。

迷失的城市，膨胀的空间，伴随着文明的兴盛和衰落。但究竟是什么，导致我们忽略城市公共空间的本质？又究竟是什么，让公共空间的功能和存在远离了人们原本的目的？

## 一、进城的进程

把世界停下来，我要下车！

——布坎南( Buchanan )

中国现代著名国画大师李可染先生曾讲过一个皇帝请人画马的故事："从前有一位皇帝请人画马。画家说'最少三年'，皇帝不允。画家说'最少两年'，也不允。画家说'至少一年，不能再少了'。皇帝答应下来，到年终时亲自去他那儿看。画家当场画出一匹马。皇帝很生气，认为是欺君。画家把皇帝领到另一间屋子里，只见满屋子都是他画的马。"[11]

李可染先生认为："绘画需要通过反复观察、认识自然、达到全马在胸的程度，才能够画出很好的作品。花鸟画家讲成竹在胸，山水画家讲胸有丘壑、胸罗万象。"[12]李可染先生可谓深得他老师齐白石的艺术精髓，达到了造化在胸的境地。

皇帝求画的心态大概很类同我们目前城市建设过程中的追求速度的心态，但"罗马不是一天建成的"，一个城市的建立和形成过程，从调查、规划到建设以及动态的更新，需要一个长期的过程，尤其对于城市的规划，我们不仅需要了解城市的外在形态，而且还要掌握其历史，并合理预测动态发展的规律。

约瑟夫·斯蒂格利茨( Joseph E. Stiglitz )说："21世纪之初影响世界的两件事，一个是美国的信息化，一个是中国的城市化。"诺贝尔奖得主说这段话的时候，中国正处在快速城市化的进程之中。

理查德·瑞吉斯特（Richard Register）[13]在他的《生态城市》中如此批判自丹尼尔·伯纳姆（Danel Burnham）开始的“城市美化”运动：自从丹尼尔·伯纳姆说了“不要做小规划，因为小规划没有改变人类精神的力量”之后，宽敞的街道、大型的广场、宏伟的建筑、巨大的雕塑和豪华的游泳池就成为城市建设者所追求的东西。这场“城市美化”运动确定了大城市发展的主题，即返回到美索不达米亚和埃及的老路上去。

事实上，自改革开放以来，中国经历了快速的城市化进程，而这种城市化从某种意义上来说正是这种“城市美化”运动式的“大跃进”的结果。到处是高楼大厦、宽阔的马路、夹杂着各种样式的欧陆风情社区和具有“标志性”帝国风格的建筑。这种中国式的造城运动已经让我们大多数的城市建设和管理者只将目光瞄向纽约、洛杉矶、芝加哥、东京等样板城市。

仇保兴对中国近30年的城镇化做了很好的概括：“我国的快速城镇化进程已进行了30年，城市作为经济载体的空间布局已经完成。接下来的30年，我们的城市将要进入转型期，朝着服务功能的优化、生活素质的提高、城市节能减排的新方向

推土机上的城市化进程。

发展。”

我们知道，城市规划与设计是一项涉及多层次、多专业学科门类的综合性工程，也是一项持续性和长期的工作，需要经过几代人的努力建设才能完成。公共空间，被认为是城市中最具活力和生命力的容器，是人们每天娱乐、活动、放松和休憩的空间，是一个城市服务功能优化的主要载体。对城市软件及服务功能的关注与营建，才是一个城市成熟的表现。一个聪明的城市建设者会去关注城市人居环境设施和公共空间的建设。

但我们现在的城市设计并不关注或根本不在乎公众生活的品质和自然状态，而更多的是在强调城市外在面貌和形象。城市的管理者们正在以“一天建成罗马”的心态建设着我们的城市。

毋庸置疑，我们需要重新考虑我们的城市，换一种更加“生态”、更加“慢”、更加“谨慎”的方式。

布坎南感叹道：“把世界停下来，我要下车！”

我们是该停下来了，以一种虔诚的心态去关注那些我们每天使用的空间，去优化那些城市的服务功能和生活品质。

但不管如何，正如梭罗所说的：“如果我们发现自己难以抵御今天这个纷繁复杂的物质世界的引诱，那么最好的办法就是Simplify，simplify，simplify（简朴，简朴，简朴）。”[14]

1628年的墨西哥城。

现代的墨西哥城。

## 二、重"城"不重"市"

在全国各地"创建美好城市"、"改善城市环境"的呼声此起彼伏，城市建设的决策者为自己所"改善"的城市风貌沾沾自喜的时候，又有多少人从中享受到了城市环境改善所带来的幸福感，又有多少人在"美好"的城市中体会到了人与人交流所带来的归属感。

简·雅各布斯(Jane Jacobs)曾经说过："只知道规划城市的外表，或想象如何赋予它一个有序的令人赏心悦目的外部形象，而不知道它现在本身具有的功能，这样的做法是无效的。把追求事物的外表作为首要目的或主要的内容，除了制造麻烦，别的什么也做不成。"[15]

城市中的"市"代表了城市居民对社会交流的本质需求，而城市公共空间则又是市民交往和互动的重要平台，目前我们对于城市基本职能及认识的偏差，对城市应以人为本的本义的忽略，也成了当前中国城市化发展的主要障碍。这其中，重"城"不重"市"的发展观念尤为明显，主要表现在：强调小汽车交通的城市，忽略了行人步行体验；强调建筑形态，忽略了公共空间；注重公

上海浦东新区经过几十年的发展，已完成了"城"的建设，下一步应重点强调"市"的营造。

高架桥虽疏解了城市交通，却也割裂了城市。

共空间的外貌，忽略了空间的使用功能；美化看得见的外貌，忽略了看不见的城市基础设施的建设。

“眼看他起朱楼，眼看他宴宾客，眼看他楼塌了。”[16]这是清代诗人、戏曲作家孔尚任历经十余年苦心创作，三易其稿写出的传奇剧本《桃花扇》中的一段唱词，也许可以以一个侧面解读我们目前的城市建设状态。

约翰·弗里德曼在《公共领域的规划》一书中，勾画出了一条两百年来人类追求美好社会不懈努力的历史主线，而规划则是这条主线中的一股，这种努力的一部分。规划师所做的一切，应该符合从历史高度俯瞰而仍然经得起检验的一个美好的社会的全部，而不仅仅是当时当地一个美丽城市的外壳。[17]改变目前中国城市发展中重“城”不重“市”的意识偏差，将有助于指导未来中国城市建设的健康、持续发展。

## 三、城市的良心

基础设施，Infrastructure，无论是中文还是英文，都非常清楚地表明了它的作用，它是支撑起整个城市运营的基础。谁能知道，中国的城市拥有光鲜亮丽的外表，而地下支撑它的基础设施系统是多么脆弱？目前，中国在建的摩天大楼总数超过200座，相当于美国所有摩天大楼的数字总和。中国人不仅已经习惯了“亚洲第一高楼”、“世界第一大桥”、“世界第一喷泉”这些代表城市形象的标志性建筑和构筑物，同时也习惯了交通拥堵、拉闸限电、水漫金山、垃圾满城这些中国城市独有的特殊情况。城市的外貌三年小变样，五年大变样，我们喜欢“面子工程”。然而，城市的基础设施依然保持着几十年前的状态。

东京、巴黎等城市的下水道，不仅解决了防洪问题，更是成为知名的旅游景点。

以城市下水系统为例，雨果在《悲惨世界》中，称其为“城市的良心”。然而，这个“城市的良心”与国外城市相比显得是如此不堪。目前，国内许多城市排水管道不成系统，管道排水能力差，排水网普及率低，中国排水管网总长度为11万公里，人均占有排水管道长度大约为0.55米，而发达国家人均占有长度超过4米，二者有7倍的差距。[18]

如此水平基础设施支撑下的城市，在平日还可勉强运行，但是遇到极端情况，城市就将瘫痪。满城霓虹，微光之城也无法认清面容。满城高楼，水泽之城也无处落脚。满城美景，垃圾飘絮之城也无心欣赏。2011年6月，全国多个地区经历了持续的大暴雨天气。北京、武汉、杭州、长沙等十多个城市，都发生了城市内涝，成为了“东方威尼斯”。城市交通基本瘫痪，市民出行相当困难，更何谈公共生活呢?

约翰·里德（John Reader）在他的《城市》一书中这样描述到：下水道的改造是19世纪欧洲大城市最重要的工程成就，这些大城市因而可以处理大量的日常生活污水。巴黎的下水系统还招来时髦的游客。热纳维利埃的污水出口滋养了大片土地，并使之成为高产菜园。[19]

无论是作为世界上第一个现代化城市下水道系统的巴黎，还是被称为"首都圈外郭放水路"的东京排放水系统，抑或是用下水道发电的纽约，在这方面都是值得我们借鉴和学习的典范。如今，巴黎和东京的下水道都已成为世界知名的旅游景点。

## 四、车轮上的城镇化

当我醒来，一夜之间，昨日的社区公园已经成了今日的停车场；昨日的街道已经变成了高架环路；昨日的邻居已经被汪洋的车流分隔在了路的两端。无论是工作日还是周末假日，人们不是开车在路上，就是开车被堵在路上。汽车占领了我们的时间，占领了我们的空间，也改变了我们的生活。

改革开放以来，随着人民生活收入水平的提高，小汽车进入了越来越多的家庭。在中国的城市中，小汽车的发展呈现出高速度增长、高强度使用、高密度聚集的特征。以北京为例，北京机动车保有量在2003年8月、2007年5月和2010年1月，先后突破200万辆、300万辆与400万辆大关，分别用时6年半、3年9个月和2年7个月，而东京这一过程分别用时5年、10年和12年时间；北京私人小汽车年均行驶里程为1.5万公里，是伦敦的1.5倍，东京的2倍多。北京市400万辆机动车的80%以上集中在六环范围内。户均私人小汽车保有量水平是巴黎同等可比区域的1.8倍，纽约同等可比区域的2.3倍。[20]中国其他城市也走上了如北京一样对汽车的依赖之路。汽车已经快速地占领了我们的出行。

当汽车出现之前，以马车、人行为主的交通方式所需的交通空间与社会交往空间并没有冲突。街区式的城市结构，为人们提供了充满活力的公共活动场所。汽车出现以后，车行交通空间和人行活动交往空间的竞争越来越激烈。随着汽车拥有量和出行量的增加，设计汽车专用的交通网络被认为是最好的解决方式，而作为传统城市公共生活中心的街道，就像柯布西耶一样，被认为是令人讨厌、"嘈杂喧闹"的场所而被逐出了城市。随之产生的是，有等级道路划分的用地，相比于原来的街区也大了很多，符合车的尺度，却失去了人的尺度。"一环，二环，南北高架，延安高架”充斥着我们的耳朵，儿时玩耍嬉戏的老街只有在梦中才能再见。

我们花了太多的时间使用汽车出行；我们用了太多的空间，作为汽车的交通和停放；我们的生活还有多少时间和空间？当汽车出行取代了步行出行，人们交流的机会就减少了；当高架和干道驱逐了街道，当停车场驱逐了公园、广场和游乐场，人们交流的场所也消失了。缺少了交流的机会和场所，我们还能有社会公共生活吗？近在咫尺的邻居成为了永远的陌生人，应该在公园踢球玩耍的孩子被赶回屋内上网看电视，剩下的只有满城动着的和不动的汽车。

道路上充斥着汽车，城市为道路而设计，道路为汽车而设计。

这里，我们所倡导的，是要改变这种以小汽车出行的交通方式为核心的城市规划结构，提倡以公共交通为主导的城市交通系统；提倡围绕以步行和自行车为主导的绿色城市交通网络。无论是在交通用地，还是在交通方式上，都应把小汽车放在“倒金字塔”的底部，而非现有“金字塔”的底部。

## 五、人性化是浮云

2011年6月份的《中国周刊》中有一篇《青岛老建筑还魂记》的文章，里面写道：100多年前德国人在青岛建造了许多房子，到现在，青岛市文物局还经常收到来自德国的信函，提醒一些建筑零件已经到期，需要更换。这些信函，有些是由依然存在的建筑公司发出，有些则是由德国档案部门发出——公司不存在，档案部门就承担起告知义务。[21]德国人还专门在德国成立了一个中国德意志文化遗产基金会来保护青岛这些上百年历史的德国老建筑。

这才是真正的人性化服务。

也难怪乎德国人被称为世界上最严谨的民族。

曾在凤凰网读到一则《英国百万英镑工程为不打扰母鹅孵蛋而停工》的新闻，说的是英国伯明翰专属经济区的一栋价值上百万英镑，名为“立方体”的大楼即将竣工之际，一只母鹅闯入工地，在工地中心位置下了三个蛋，并旁若无人地孵起蛋来。工程承包商不得不决定暂时停工，以免打扰这位辛苦的母亲。建筑工人们还用木板给母鹅搭了一个“临时产房”，木板上贴着黄色警示标识，上面写着“母鹅孵蛋，停止施工”。这只母鹅在工地上住得非常安稳，丝毫没有挪窝的意思，工程的负责人对此表示郁闷。但是负责守卫“产房”的建筑工人很喜欢自己的新工作，并对小鹅的出生充满了期待。

读了这则新闻，让人感叹不已。再联想到国内众多的因拆迁断水断电、因拆迁产生的“钉子户”，这一切不禁让人深深反思。

哈佛大学政治学教授罗伯特·普特曼用“只剩下保龄球”来形容二战后美国社会对物质生活的极大满足和对人性关怀的极度冷漠。我们不正处于罗伯特·普特曼所描述的年代吗？

西汉·刘安《淮南子·说山川》中写道：“以小明大，见一叶落而知岁之将暮，睹瓶中之冰，而知天下之寒。”[22]

一叶而知秋，看一个国家或一个城市的文化或品质，从其对人、事、物的态度上就能推知端倪；同样，看一个国家或者一个城市的活力与魅力，从其对建筑或公共空间的关注上就能感受到冷暖。特别是作为人们每天使用的城市公共空间，我们是否真的做到了“以人为本”？

刘易斯·芒福德曾经说过：“若从较高的形式给城市下一个定义的话，那么最好莫过于说城市是一个专门进行有意义谈话的最广泛场所。对话是城市生活的最高表现形式之一。”

我们现在的城市发展和建设过程中，缺失的正是这种“有意义谈话”的广泛场所。如果说重“城”不重“市”是以城市空间形态为切入点认识中国城市建设对公共空间的认识偏差的话，对人性化关怀的不足，便是以人类社会交流的心理需求为切入点，对城市空间发展问题的理解。

青岛火车站。

城市化和全球化是带动中国发展的巨轮。每天都有成千上万的人涌进城市，在城市中生活工作。这个轮子在过去的三十年中，以接近百分之一的年城市化增长率在高速地运转，为了配合这个速度，城市也高速地建造住宅、工厂、道路，建完了之后却发现不久又需要重建，因为它们又不适应更快的速度了。什么时候，城市才能慢下来？慢下来后，我们可以有时间和精力好好看看我们的城市，好好看看我们的生活。城市，激情于建造各种建筑。它们更多是为了私人服务的，住宅为了居住，工厂为了工作，道路为了开车来往于其间，而忘了提供足够的公共生活空间。哪个城市不是住宅密布，公园里人满为患？我们社会中人与人的距离好像也更远了，富人变得更富，穷人变得更穷，他们之间，就算待在一起一百年，也不会互相搭理。他们之间更多的是相互对立，而不是对话；相互抵触，而不是接触；相互生厌，而不是生活。城市让他们产生了距离，这种距离会带给我们社会阵痛。老人、儿童、残疾人、少数民族，对于这些弱势群体，城市有没有对他们有过特殊关怀呢？城市不是为强者服务的，对于弱者更多的关注才能彰显出人性化。

## 六、少数人的游戏

现今，在中国城市规划和设计的游戏规则中，由领导、专业规划、建筑、景观设计人员以及各类专家组成的精英团队，往往作为一个影响多数人的城市规划或者管理的决策者。如果他们不能从使用者——市民的角度出发，或者不能很好地理解市民真正的需求，那就很难制定出真正符合市场，符合市民需求的方案。事实上，精英们过分地迷恋自己的专业，很少会去和市民沟通交流而制订出整个规划或者城市设计。“子非鱼，焉知鱼之乐？”可见，如果没有和鱼真诚地沟通，你就真的不知道“鱼之乐”。

欧洲小城镇宜人的街道尺度。

大尺度的道路等级，把城市划分为一个个区块，填上了黄色、红色、褐色等颜色，严格地控制了这个区块的土地利用。这些颜色代表了居住、商业、办公等功能。这些地块是如此之大，从一个地块走到另一地块，至少也有300米，直径达到600～800米。这些颜色是如此之纯，当你一连走过几个地块，看到的是千篇一律的住宅或者工厂。曾几何时，游走在城市街道有着多么缤纷绚烂而又充满生机的感受。

在现今中国，土地出让的基本原则是价高者得。而高价得到土地者，为了追求更高的经济利益和回报，就是开发大型的、高端的项目。在这种制度下，就像居住市场一样，“地王”导致的高房价，已经超出了普通百姓的承受之重。高尔夫球场、大型shopping-mall、高端办公楼等占据了城市的核心地带，并形成了所谓的“城中村”，这些并不是普通市民真正所需的。城市，像是为了高收入阶级而生，无法回到以往的“市井生活”，低收入阶层在城市的拆迁运动中一次又一次地被迫迁往郊区。“价高者得”的游戏规则的改革应该不仅局限于现在的居住市场，使过高的房价得以平抑，而应该扩展到所有土地出让范畴。

## 七、百年孤独

城市越大，人们就越感到孤独。

——拉丁谚语

当那个面积比澳门还大的江湾湿地在无数铲车、推土机的轰鸣声中渐渐变小，当这个树丛蔽日的城市绿肺在钢筋混凝土的森林里呻吟，一天天的消失、干涸，城市建设的铁锤再一次重击自然界的躯体。在上海这个高楼林立的城市，人们大概早已记不起原生态的模样；在这个追捧时尚、享受科技的时代，人们大概早已忘记对自然的崇拜。还需要多少次惨痛的教训，才能唤醒人们行动与改变的决心？我们在“以人为本”的理念下铿锵前行，付出的代价却是对自然界无情的掠夺和肆意的侵占，人们早已忘记了天人合一。自顾自地开发与建设，只会令我们自食恶果，令子孙后代徒叹伤悲。这并不是真正的以人为本，只是目光的短浅，利益的迷惑。

大片的湿地、农田托起了密密麻麻牢笼般的住宅；高耸的办公大楼拔地而起，欲与天公试比高。城市，像恶性肿瘤一样不断地蔓延，吞噬着自然，也被自然吞噬着。人类建立起自己的家园，却拆散了无数自然生灵的家园。河流两旁，原本一片草木盎然，风起蝶舞，改造后便建起了硬质驳岸，摆上了行列有序的温室花卉，犹如前线的战士，枯萎了便换一批新兵来站岗。北京的沙尘天气暴露出鄂尔多斯的羊绒生产对大片原生态草坪的侵占。人类，侵占了自然的空间！人类本拥有属于自己的空间，只要我们和自然真诚地对话。城市的蔓延若能与自然和谐交融，人类便会拥有全部的自然空间。

不与自然沟通的人类是孤独的，无助的，一次次的天灾已经让人类感到了渺小与无力。记得儿时常会在走街串巷时看到猪在跑、鸭在叫，现在街上见到的是做过各式美容的“贵妇”和“苏牧”，城市生活中能见到的动物就只有人们喜爱的宠物。人们以为建造了属于自己的居住环境，华丽的广场铺装、剪成各种形状的植物、各种涂料装饰的房间，其实人们正失去真正适合自己的栖息之地，人们正在孤独中前行，却未发觉前方是一片黑暗。

有句拉丁谚语讲的是：“城市越大，人们就越感到孤独。”它深刻地反映了现代城市中人们的真实生活感受，在这个互联网等科技高度发达的时代，人们正越来越孤独。

# 第二章

# 零空间

## 第一节　失落的空间

今日之城市，有太多对明日的理想与抱负；今日之城市，缺少昨日一样对生活的关怀与关注。城市，在许多编织的美好设想中，在汹涌的全球化和城市化的浪潮中，迷失了发展的方向。在迷失的城市中，公共空间也失去了传统的地位——不再是城市中的“桥”了，无法联系城市、自然和生活。它更像是城市和建筑的附属品，像是权利阶级予以彰显其功绩和权力的玩物。失去了生命力的公共空间，也在这个时代慢慢失落。

昔日的广场是城市公共活动的中心，而今日的广场则成为权利与崇拜的附属品。若干城市政府大楼门前的市民广场，动则几十公顷，与“伟岸”的政府大楼相得益彰，气势恢弘，但广场中却见不到几个市民。何谓市民广场？可谓形象广场。联合国人居署代表沈建国在2011年中国城市规划年会上呼吁：应禁止在政府大楼前设置大面积的广场，而应更多将公园、广场等公共空间设置在社区的内部或附近。同样的情况也出现在商业区和生活区的高楼大厦前，广场只是一栋楼的附属物。人们只知道它的存在，却不知道它为什么存在，没有人发现它对市民来说使用价值在于何处。广场不仅在公共生活中失去了中心的地位，同时也在空间环境中受到了挑战。周边的建筑不再尊崇广场的核心地位，一栋栋建筑各自较劲，都想成为城市中最瞩目，最吸引人的那一个。每个建筑都精心设计，它们都不愿意为对方退让一步，也缺少了公共空间这个媒介和核心。当生活的中心，变成形象的附属品，广场空间失落的故事也就此开始。

街道这个词汇虽然还在人们日常的生活中出现，但是街道中的生活却早远离了日常的人们。曾几何时，人们足一出户，就可来到街头，或购物、或闲逛、或只是体会市井的生活。而今日，人们尚未出户，就已坐上汽车，直奔公司商场。车行道越来越宽，而人行道越来越窄；大型购物中心越来越多，而沿街小店铺越来越少；面对街道的围墙越来越多，而精心设计过的建筑立面越来越少；车辆越来越多，而生活的人越来越少。街道的生活是步行的、网络状的，人们可以有目的无目的地闲逛；而汽车的生活是点对点的，只有起点和终点。就像广告中所说："人生就像一场旅行，不必在乎目的地，在乎的是沿途的风景，以及看风景的心情。"街道的失落最令人欷歔，人们已经失去欣赏沿街风景以及看风景心情的机会。昨日街道生活的繁华，尚有"市列珠玑，户盈罗绮"；而今日城市道路的拥堵，只见"车如流水马如龙"。

公园的命运从花园始，也至花园终。两百年前，从贵族花园转身成为平民的乐园是公园的开始，而今日公园又华丽地转身，成为少数人的花园。围墙这个东西，告诉人们这里专属于某些特定的人群。虽然，城市在新建大尺度的综合公园，越来越多的围墙被拆除了，成为真正意义上市民的乐园，但是到了各个生活区、旅游景点，却有越来越多的绿地被围墙包围起来，成为居住小区内部的花园或门票创收的机器。人们对于城市中的自然，以及在自然中的生活是如此向往，这种感情是如此强烈。只是两百年前，市民的感情把花园从少数贵族手中解放出来，而现在，有些人又把它变回少数人的公园。围墙只是物质的限制，还有巡逻的保安和业主专用的告示牌，都使公园远离了大众的生活。难道只能期许"春色满园关不住，一枝红杏出墙来"？

在这个城市迷失的时代，各种类型公共空间都无法回到往昔的辉煌。不被重视，不是城市建设的重点。在公共空间失落的表象背后，更可怕的是人们内心的失落——生活，对生活的态度都因此改变——失去活力，失去生活的态度；无法生存，无法激起人们心底的渴望。在近几十年的城市化进程中，建筑与建筑之间所形成的城市公共空间早已被忽视或抹去了。而这一“抹去”的不仅仅是公共空间，还有其伴随的社会两极分化、贫富差距与矛盾。

19世纪英国批判现实主义小说家查尔斯·狄更斯（Charles Dickens）在他的《双城记》（*A Tale of Two Cities*）里开篇第一句话就写道：“这是一个最好的时代，这是一个最坏的时代。”这句被无数次引用的名言从一个侧面也说明了那个时代和当前这个时代是多么的相似。

有意思的是，徐志摩笔下保守而不顽固的英国人在肯特郡的查塔姆（Chatham）修建了一个“狄更斯世界”（Dickens World）的主题公园，模拟19世纪狄更斯式小说中的各种场景。这些小说包括最著名的《双城记》、《大卫·科波菲尔》、《远大前程》等，策划者声言要重塑那个“暗无天日、烟雾弥漫、让人不安、充满臭味与潮湿的伦敦。”

而现今我们的城市正有走向19世纪“狄更斯世界”的趋势。上海世博会的主题是“城市，让生活更美好”，这句话来源于古希腊哲学家亚里士多德的名言：“人们来到城市是为了生活，人们居住在城市是为了生活得更好。”显然，现在的城市并没有让生活更美好，事实上，它正变得越来越糟糕。正如狄更斯所言：“这是一个明智的时代，这是一个愚昧的时代。”

广场成为宏伟建筑前的宏伟平地。

公园日衰，花园日盛——私有化是公园面临的巨敌。

你用围墙阻挡他人观看小区的风景，同时你也被阻挡在他人围墙之外。

道路驱逐了街道，汽车驱逐了生活。

# 第二节　零空间

人类创造了城市，城市也给人们带来了各种各样的问题和挑战。随着科技和信息化的快速发展，当今世界正发生着巨大的变化，城市正处于一个前所未有的快速增长与扩张的时代，变得越来越复杂。

城市到底是什么？什么样的城市才适宜人们的生活？作为一名城市产品的工作者和设计师，我无时不在思考着这样的问题。

就如前面所说的，当前城市，人们只关注于那些建造在地面上的雄伟建筑。建造无数的高楼大厦和城市地标，把这些大型建筑作为拉动当地经济的手段、政治的资本或是城市的象征，而往往失去了对城市本身的关注。在近几十年的城市化过程中，全国各地的"造城运动"如火如荼，各种各样的新城"遍地开花"，如滨海新城、滨江新城、空港新城、高铁新城、科技新城、生态新城，等等。"一年一大步，三年大变样"的口号振奋人心，从城市到乡村、从政府到开发商、从官员到市民，无不参与其中。结果是全国成为了一个建筑大工地，甚至有人认为这些所谓"新城"的建设只不过是一波又一波巧立名目的城市"圈地运动"而已。

急速向前的中国城市化列车顾不得停下来看一看乡村美丽的自然风光，就在生态与经济之间粗暴、简单地选择了后者。人们只会关注城市会建成什么样？或者是建些什么？认为只有建满了房子，才能产生经济效益，才是城市，急欲通过以建造摩天大楼的形式来表现权欲与财富。城市俨然已成为一个象征意义，而城市的本质也因象征和经济的需求而被抑制了。

我们不禁在思考，城市的本义是什么？是做什么用的？我们的城市真的应该这样吗？

我们是否应静下心来去思考城市应该不建什么？在目前这个时代，也许不建什么比建什么来得更加的重要！

我们都知道，中国画中会留下局部或者大幅的空白，这种艺术手法叫做“留白”。留白，顾名思义，就是在作品中留下相应的空白。留白是一种智慧，是一种“以无胜有”的境界。纵观古今，艺术瑰宝从不吝啬留白，人称“马一角”的南宋杰出画家马远就长于留白，他的《寒江独钓图》、《山径春行图》都是留白的佳作。齐白石的《蛙声十里出山泉》也是一幅留白的经典之作。

其实，城市也需要“留白”。我们已经有太多的建筑、高架桥和道路了。我们是不是更应关注那些建筑之外的空间呢？自然的山体、绿色的公园、蓝色的河流等等，这些都是城市中的“白”。中国古代城市讲究“风水”，讲究“道法自然”，更讲究“天人合一”的境界和哲学观。在浙江的兰溪有一个诸葛八卦村，整个村落以钟池为核心，八条小巷向外辐射，形成内八卦，更为神奇的是村外八座小山环抱整个村落，形成天然的外八卦，村内现保存完好的明清古建筑有200多座。《太极图》中的黑白、阴阳表达了一种“平衡”，一种“归零”，一种回归自然的和谐，我们的城市也需要达到这种“黑白”之间的平衡。

齐白石《蛙声十里出山泉》。

吴清源先生认为，围棋的最高境界是和谐，而不是冲突。他认为阴阳思想的最高境界是阴和阳的中和，所以围棋的目标也应该是中和。只有发挥出棋盘上所有棋子的效率的那一手才是最佳的一手，那就是中和的意思。每一手必须是考虑全盘整体的平衡去下。[23]有时，城市就像一个棋局，每一个功能、建筑的布局也必须考虑整体的平衡。

这种平衡，我称之为“零空间”。所谓零空间，并非指没有空间，而是指最适宜的空间，正负阴阳平衡的空间。零，阿拉伯数字为“0”，是–1与1之间的整数，既非正数，又非负数，英文翻译为“zero”。零空间，从某种意义上可以理解为一种强调建设与非建设空间之间平衡与协调的关系。与目前以建设为主导的城市规划思维不一样的是，零空间强调一种“无为设计”的思想，强调整体的平衡；强调先留出城市的开敞空间和绿色空间，然后才是建设和开发的空间；强调那些易被人们忽视的失落空间；强调公共空间的重要性，强调人与自然的和谐相处。

当我们过于执迷“天平”中经济和象征的那一端，城市就容易陷入一种失衡的状态。城市存在的目的是为了创造一个健康、快乐、舒适的生活，而不是为了经济、权欲和投机，这是城市的本意。未来城市关注的首要问题应该是如何将自然空间、开放空间作为城市中最为重要的内容来对待。简言之，我们目前最重要的是如何让当前的城市回归到一种“平衡”的状态。

无论是绿色建筑、生态城市，还是低碳城市，如果只是单纯从生态技术上去考虑这些是没有任何意义的。绿色建筑或低碳城市，它只能说是一个点，是人类为了弥补自己对地球环境造成破坏的一种补救措施，而这种弥补措施显然有点亡羊补牢的感觉。如果整个城市的生态已经失去了平衡，单靠几栋单体建筑或一个城市片区做得多绿色、多可持续，也无法改变整个城市失衡的现实。

绿色建筑或低碳城市是无法单独存在的，它需要在一个更大的层面和空间架构中来思考，来实现城市空间的整体平衡。要达到这种空间上的平衡，很大程度上来说需要通过城市公共空间的规划来实现。实质上，公共空间对于城市具有很大的改变和作用，它能改变并影响城市的土地价值、城市风貌、社会矛盾和生活环境的品质等，最重要的是它能改变整个城市的生态与环境的平衡。撰写本书的目的就是希望来讨论这种影响和改变。

# 第三章

# 城市的心与脉

你可以通过城市公共开放空间的活力和生机看出一个城市的健康状态。

——威廉姆·H. 怀特

无论从历史还是现代来看，在城市里都有一些特定的场所和空间，供具有共同价值观的人们彼此接触、沟通和交流。这些地方往往可以理解为诸如我国古代建筑中的厅或堂，是主人聚会、宴请和赏景之用的场所；也可以理解为作为古代家族社交场所的祠堂、人们交换物品的集市；或是现代的街头演出、公众聚会及休憩的场所。人们往往会被这些场所吸引过去，或看热闹，或悠闲地散步，或漫然地看店内和摊上的货物。

每个文化片区、居住社区或功能区都需要一个供人们进行公共活动的中心或场所，在这个中心与场所里，你可以去观看他人或者被他人观看。这个中心可以是集中的广场空间，也可以是一片开敞的水面，抑或是一片树荫绿地和街头转角的一个三角地。总之，它是一个人们可以聚在一起交流、沟通、休憩的场所。这些室外的供人与人之间进行交流并可随时进出的空间，可以称之为城市公共空间，它与城市私有空间相反，其最大特点就是公共性。

城市空间，依据其权属性质可分为公共空间、

塞纳河：巴黎城市的主要空间，城市与河流共生共荣的典范。

半公共空间和私有空间。城市公共空间，通俗地说就是非赢利性的、城市人群集体活动的场所，这种场所的产权不是私有的，而是公共的。

从城市公共空间的类型来说，按不同的标准，有其不同的分类。从使用功能上来看，其类型是非常丰富和多样的。有公园、广场、集市商场、街道、游乐场、社区开放空间、绿廊和线性绿地、城市野生地、邻里空间、滨水空间、内庭和商业休息区、屋顶花园、地下空间、宗教庙宇，等等；从使用人群喜好角度来考虑，有动态空间，也有静谧空间。

在这里，我们并不热衷于去讨论公共空间的类型或分类，而希望从公共空间对城市所产生的积极意义及对人们日常生活的改变的角度，更希望从城市规划的角度来讨论城市的公共空间，而且这个公共空间也不仅限于上面提到的公共活动的场所，将会从更广义的角度来理解；或许可以概括为城市重要功能设施、大型开放空间，甚至城市发展目标与方向方面的考虑，也即城市中那些影响城市未来发展和人们生活质量的场所或功能设施。

宋代孟元老在他的《东京梦华录》中，用“正当辇毂之下，太平日久，人物繁阜”[24]的语句描述了北宋都城东京开封府城市当年的繁盛。其生动的语言给人们展现了一幅想象中的《清明上河图》，也难怪该书被人视为《清明上河图》的姐妹之作。

公共空间作为城市生活中最重要的舞台——城市中的“繁华地”，是公众每天使用和感受的场所，其品质的好坏必将直接影响着人们生产和生活的品质。众所周知，城市规划和设计决定了城市的功能布局、建筑和交通方式等城市物理形态。而建筑、街道、商业中心、广场、公园、社区绿地和街边的便利店等元素构成了人们日常生活中的每一部分，这些元素也是

古代家族社交场所的祠堂和人们交换物品的集市是人们交流的主要公共空间。

城市公共空间的主要组成部分。

人类创造了城市，另一方面我们创造的城市反过来又改变了我们，因此，我们的建设方式也将决定我们的生活方式。作为美国设计寿命最长的设计大师之一的丹·凯利（Dan kiley）曾说过："重要的不是设计，而是生活。"他用睿智和朴素的语言告诉我们生活才是城市的本质，生活才是城市规划和设计的本质。这个被彼得·沃克（Peter Walker）称之为孤独的古典主义者的现代结构主义大师对设计可谓精益求精，在设计亨利·摩尔雕塑花园时，为将花园与博物馆天衣无缝地结合起来，丹·凯利和杰奎琳·罗伯逊特意前往英格兰与亨利·摩尔（Moore Henry）本人进行交流，并研究了摩尔雕塑作品在英国各地的摆放方式。

理解并实践这一点对于一个城市管理者和设计者是多么的重要。

理查德·瑞吉斯特（Richard Register）曾说过："人类的生活质量在很大程度上取决于我们建设城市的方式、城市人口密度和多样性程度。"生活往往是随文化所传承的，城市是文化生活的自然组织模式，如果城市布局得好，功能也完善，城市可以是一个使文化与自然融合得极佳的工具。

西班牙著名的毕尔巴鄂市古根海姆博物馆就是一个文化与城市融合的典范。它作为毕尔巴鄂市整个都市更新计划中的一环，对城市未来发展产生了极为深远的影响。没有人能想到一座博物馆能够给一个城市带来如此巨大的变化，让一座即将衰退和没落的工业城市成为欧洲新的文化艺术中心。建筑师弗兰克·盖里（Frank Gehry）也因此而享誉世界。

毕尔巴鄂市古根海姆博物馆不仅促进了艺术、公共设施与城市之间的对话，更展现了文化设施与城市公共空间对城市的长远影响

毕尔巴鄂市古根海姆博物馆——文化与城市融合的典范。

和推动力。这座被莎士比亚称为“毕尔巴鄂利剑”的城市也成功地从一个工业城市转变成了一座艺术文化和旅游的城市，极大地提升了毕尔巴鄂市的文化品格，自然也带来了世界各地的游客。相信，其背后所蕴涵的文化和艺术价值已经远远超过了其建筑本身。当然，最幸福的莫过于毕尔巴鄂市的市民，一座博物馆不仅让世界了解了一座城市，也改变了这座城市里的人的生活。

“让我看看你的城市，我就能说出这个城市的人追求的是什么。”这是伊里尔·沙里宁（Eliel Saarinen）的一句名言，从一个侧面也说明了城市对于居住在其中的人的影响有多大。拥有什么样的城市必将拥有什么样的城市生活，而这样的生活又会影响并改变生活在其中的人的价值观和意识。这样的生活方式体现在城市及城市公共空间的各个方面，无论是像杭州、波士顿这样拥有大面积湖面或河流，能为人们带来愉悦的湖滨休闲和亲水体验的城市；还是拥有人性化尺度街道，给市民及游客提供便捷步行感受的哥本哈根；抑或是通过“如同火焰在燃烧”的古根海姆博物馆，为世人带来文化与艺术盛宴的毕尔巴鄂。这些，都是城市公共空间规划中值得我们去学习借鉴的。

《伊斯坦布尔宣言》强调：“我们的城市必须成为人类能够过上有尊严的、健康、安全、幸福和充满希望的美满生活的地方。”如何使其成为人类过上这种“美满生活的地方”，需要更多地认识和了解我们建造的这个城市和生活的空间。

从宏观层面来看，城市中大型公共设施与开放空间（如市政中心、金融中心、体育中心、学校、大型生态公园、滨水公园等）“资源”的不同布局将对城市产生不一样的整体经济效益，而这个效益又直接决定着城市的生态环境、交通影响、功能布局和特色。而从微观层面来看的话，每一个公园、广场、街头绿地的设计又直接和人的生活息息相关，直接影响着人们的生活质量与品质。这些公共空间就犹如城市的心脏和动脉，支撑城市的运转与循环。

在处理这些城市“资源”的过程中，“绿色资源”是城市中最为重要的内容，也是我们现在的城市规划和建设中最容易忽视的，“绿色资源”往往处于陪衬地位或只起点缀的作用。因此，我们更需从城市规划的层面去考虑公共空间对城市的整体影响，希望实现一种平衡的空间。这种平衡空间就是前面所提到的“零空间”。

# 第一节　规划方法框架
# ——未来发展多维规划

城市的建设不像搭积木，搭得不好，可以重新再来。城市建设将影响城市未来的长远发展，欧洲有非常多的知名历史古城，巴黎、罗马、巴塞罗那、威尼斯等都是在经历了历史和时间的累积后形成的。举个简单的例子，如一栋住宅设计的好坏，如户型、采光、通风等是否合理，将会影响在这个住宅生活的人，也许是几年，也许是一辈子。住宅还可以换、可以重新建造，而城市则无法更换、无法重新建造。

在设计中，如何考虑并尊重生活，显得十分重要，而尊重生活在很大层面上是基于城市公共空间的合理和巧妙运用。这是一个复杂和综合的问题，涉及城市的经济模型、综合管理、可持续发展、系统控制、空间营造，甚至城市美学等各个方面。

作为城市重大战略性社会、经济和环境资源，我们需要采用一种谨慎的态度。这种谨慎的态度中最为重要的就是对城市中各种资源的分配和布局，在完成布局和分配之后才是建设的层面。

零空间的理念强调资源的平衡，从城市运营的角度来说，我们不仅要考虑城市资源的公益化、长远性与生态可持续性，还要考虑资源的均质性及其对城市活力、土地增值、交通的影响。我们当前的城市规划在很大程度上并没有从一种综合和多维的角度来考虑城市资源的长远效益。

传统的城市规划或设计，一般是基于城市基本条件的分析，确定城市未来发展的布局与功能，并提供相对应的结论。在新的城市发展情况下，这一传统模式显然已不适合当前城市发展的需求，具有一定的局限性，无法很好的判定城市规划是否真的适合城市未来发展的需要。

城市，本身就是一个以人的会聚为基础的资源综合体，现代的城市已经与霍华德提出《明日的田园城市》概念时所处的时代发生了很大的变化，现代城市规划所面临的挑战都是基于一系列城市问题的基础上展开的，而且这些问题会随着科技的发展不断发生改变，变得越来越复杂。

作为当代美国景观设计界最有影响的人物之一，并曾两次被美国总统任命为全国艺术委员会委员的佐佐木英夫（Hideo Sasaki）曾指出：设计主要是针对给问题提出解决方案，是将所有起作用的因素联系成一个复杂整体的过程。在这一过程中，需要运用三种方法：研究、分析和综合。[25]佐佐木不过分崇尚惊人的视觉效果，而是追求尺度的宜人和诸多设计要素的和谐。

也正是基于对设计要素的“整体”、“和谐”与“综合”的考量，未来发展多维规划将更加适合于当今城市所面临的各种问题。未来发展多维规划（Multi-perspective Future Development Planning，简称MFDP）是一套独特的为城市未来可持续发展提供一个全面、多维度的规划设计方法和模型，为城市规划管理和决策者做决策提供参考。

钱江新城是杭州从西湖时代迈向钱塘江时代的标志，其对杭州未来城市格局产生了深远的影响。

MFDP具有综合性、整合性、系统化、多维角度等方面的特点。设计无非是对信息元素搜索的一个最优化组合的行为。但是如何组合？不同的组合模型将会产生什么样的结果？每个不同的结果对未来城市的交通、生态、土地价值、城市形态与活力等会产生什么样长远的影响。这些都将在未来发展规划模型里得到研究和解决。MFDP将从经济模型、综合管理、空间营造、系统控制和可持续发展等多维角度对城市进行评价和分析，并提供多种未来发展的可能性，寻找出适合城市发展的最佳模式，供城市规划管理者决策。约翰·弗里德曼（John Friedman），这位被当代西方规划界认为是泰斗级的人物，在《世界城市的未来：亚太地区城市和区域政策的作用》一文中指出“城市的发展状况在很大程度上是公共政策的结果”，所以也是“我们选择的结果。”城市规划作为公共政策对城市发展有直接的影响。[26] MFDP的规划模型正是这样一种“选择的结果”，模型中对城市未来发展的多种可能性进行探讨并提供多方向的选择，在这一点上与弗里德曼的观点是一致的。

以杭州钱江新城为例，在《未来20年钱江两岸规划方案》中，哈佛大学和XWHO｜RECON的设计团队，对未来杭州城市发展做了多维角度的分析。特别强

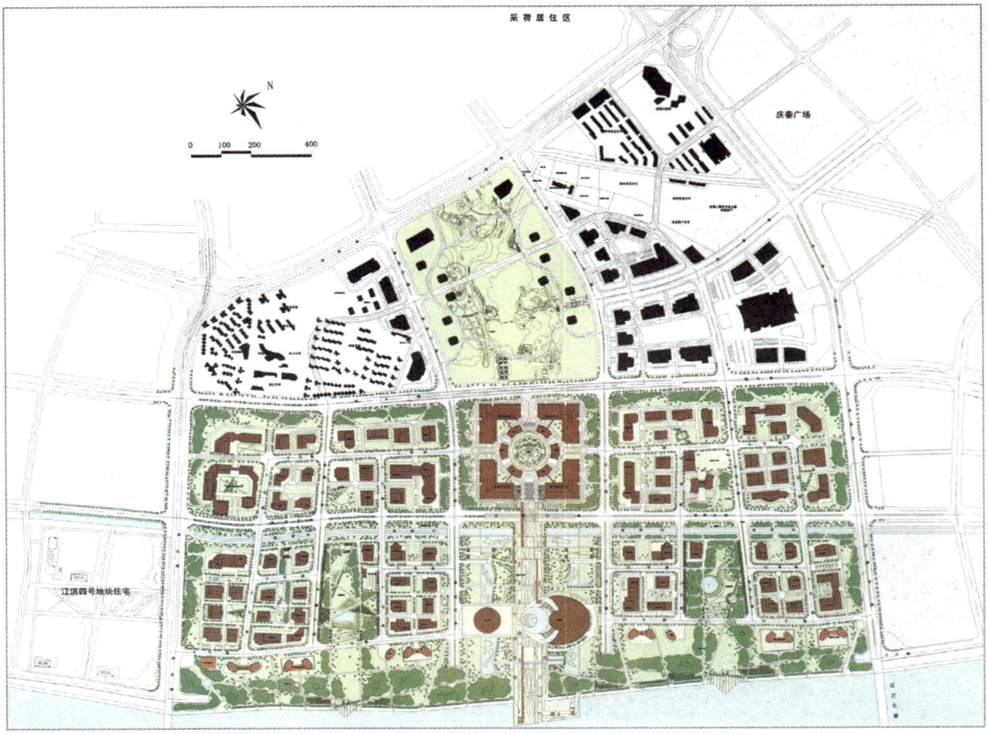


钱江新城规划平面图。

钱江新城是对杭州历史的传承与升华。

调了城市公共空间的布局对未来城市所带来的影响分析和评估。

我们知道，钱江新城代表了新世纪杭州大都市的形象和风貌。如果说，西湖时代是“三面云山一面城”的城市格局，那么钱江新城，就是从西湖时代跨向钱塘江时代的标志，其对杭州未来城市格局产生了深远的影响。

杭州与世界著名的濒水城市如芝加哥、堪培拉、阿姆斯特丹、上海等是完全不同的，杭州是一个具有良好人居环境的城市，所以设计团队为它量身定做了一个独具特色的规划设计。在《未来20年钱江两岸规划方案》中，设计团队提供了三个优选的方案，每个方案对未来杭州所带来的改变和影响都是不一样的。并通过城市发展模型对这三个方案进行了分析，基于三个方案中市政府位置、商业中心规模、工业用地布局、交通组织、绿化系统等元素的不同安排，得出三个方案对应的不同“投资回报”结果，可以更好地为建设城市提供合理的决策方案，减少损失，提高效率。这里的“投资回报”不仅仅是经济层面的回报，更重要的是经济、环境、社会多个层面的综合考虑，强调一种“零空间”的平衡体系。

经过近10年的开发，如今的钱江新

城已成为杭州的骄傲，当年提供的三个设计方案的智慧，已经在钱江新城中有所折射。尽管最终实施的结果并没有和当时提供的任何一个设计方案一样，而是综合采用了三个方案中的亮点并加以整合。但是更重要的，方案产生的过程给杭州市政府提供了未来发展思路上的参考，并提供了一个城市未来发展的长远框架。

城市中公共空间的布局将会影响城市的整体效益，这个效益包括前面提到的环境健康、社会公正、经济合理的平衡体系。城市规划除了在城市功能布局、空间形态、产业体系、交通系统、经济模型等方面的考虑和分析外，城市公共空间的规划也是无法忽视的一个层面。城市的公共空间需要一个长远的规划框架，一个长远的规划框架能够给城市带来多方面的改变——环境的品质、城市的活力营造、土地价值的提升以及城市格局的改变，这个改变最后将会切切实实地体现在人的活动或者说公共生活上去。

## 第二节　城市大空间战略规划

中国台湾公共电视台曾经做过一个《城市的远见》的纪录片，片中介绍了巴黎、柏林、高雄、新加坡、上海等13个特色鲜明的城市，通过探索城市规划对城市未来发展的经济、形态、特质以及居民生活的关系及影响，向人们展示了这些城市在生活、产业、历史、自然环境等方面的远见或强烈主张。

英文Vision的意思可以理解为远见或愿景。一个城市规划的灵魂所在，正是需要拥有从城市大空间战略角度的远见视野和执行魄力。世界城市在发展过程中都将面临着城市社会、经济、自然资源的管理和利用问题。城市规划者在了解环境的限制和市民的需求下看见了全局，看见了机会，看见了潜力，因而也看见了未来。在这些契机中，一个美好城市的图像出现了，这就是需要有城市大空间战略规划的远见。

如果说城市大空间战略规划还是一个专业领域的问题，那么想过什么样的生活和想要什么样的城市，就属于所有人的价值观，是一种文化问题。城市是公众的城市，城市公共空间作为城市中重要的组成部分，是城市的核心所在，公共空间的营造对周边地块乃至整个城市的商业经济、人口变迁、自然环境及居民日常生活方式等，有着长远而深刻的影响力。正是由于城市公共空间的这种作用力，在规划中将城市公共空间作为重点思考对象，可以认为是具有长远性的规划举措。在每一个成功城市的发展史上，总有一个或几个这样的契机，因为有人洞见问题的本质，提出了远见，而使城市得以奠定长久发展之基础，或是脱离困境，获得重生。奥地利的布雷根茨就是一个典型的例子。

布雷根茨艺术节是奥地利最负盛名的艺术节之一，艺术节传统自1946年开始，保留至今。其最大看点是水上舞台的歌剧演出，这个世界最大的露天舞台，固定在离岸25米的博登湖中。二战期间，布雷根茨的大部分地区因受战火损毁严重，人口锐减。战争结束后，一群有远见的人，提出在这个连剧院都没有的小城镇里创立布雷根茨艺术节，正是这个疯狂的想法造就了布雷根茨的成功，使之成为欧洲艺术

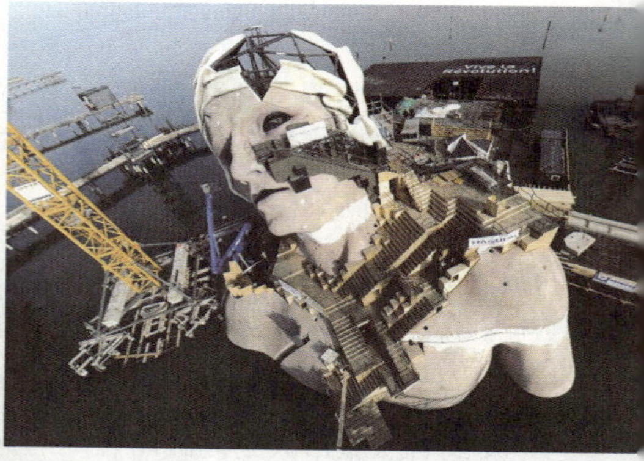

布雷根茨艺术节的水上舞台已成为当地的标志形象。

活动的品牌之一。世界各地的游客纷纷前往观看，很多代表世界艺术领域最高成就的作品也出现在这个艺术节上。

巨型骷髅书。

如今，布雷根茨艺术节的水上舞台已成标志形象——无论是巨型骷髅书、自由女神像，还是椅子、桌子、舞台等。第66届奥地利布雷根茨艺术节的舞台是高15米、宽16米，重60吨的马拉之死人像。这里将上演歌剧《安德烈·谢尼埃》，这部由意大利作曲家翁贝托·焦尔达诺创作的歌剧将作为首场演出为本届艺术节揭幕。

显然，布雷根茨可以被称之为一个具有远见的城市。要说在城市大空间战略规划方面做得比较出色的城市，就不得不提法国的巴黎了。为了保护历史古城，尽可能保留古老巴黎的原貌。20世纪30年代，在德斯坦总统和密特朗总统建设新巴黎的提议下，巴黎开始酝酿在西郊建设一座现代化的新城。这个具有战略眼光的设想和规划，使拉德方斯从巴黎郊外的一片荒野，在不到半个世纪的时间里，迅速发展成最具人性化色彩的国际商务中心区，并汇集了几乎所有的巴黎标志性现代建筑。

丹麦著名建筑设计师约翰·奥托·冯·施普雷克尔森（Johann Otto von Spreckelsen）显然是幸运的，其对巴黎现代与未来的设计思想被付诸行动，而中国的建筑学家梁思成和陈占祥先生就没有那么幸运了，他们为保护北京古城而奔波的“梁陈方案”不仅没得到认同，反而自身也因对古城保护的坚持成了被批判的对象。

陈占祥的女儿陈愉庆在《多少往事烟雨中》的序言里这样写道：“记得好像是

美国前总统卡特说过，我们有能力建无数座曼哈顿、纽约，但我们永远没有能力建第二个北京。一位看过北京旧城改造后的德国历史学家说了一句话：'我们现在有的，你们将来都会有；而你们曾经有的，我们永远不会有，你们也不会再有了。'清华大学一位教授的话更令人刻骨铭心：北京没有毁于战争，没有毁于革命，而是毁于建设。"[27]两院院士周干峙为陈占祥先生所作的挽联是："惜哉，西学中用，开启规划之先河，先知而鲜为人知；痛哉，历经苦难，敬业无怨之高士，高见又难合众见。"这又道出了多少的感叹、辛酸和无奈呀。

有人说拉德方斯是巴黎走向未来、通向世界的窗口，非凡的拉德方斯更堪称现代城市的世纪经典。它巧妙地将巴黎的历史轴线进行了延伸，从卢浮宫到凯旋门，再到拉德方斯的新凯旋门，这条轴线把新老城区连接成为一个整体，有效地保护了老巴黎的城市形态，又科学地协调了新、老城区的对立统一关系。

法国前总统萨科齐上任不久后，提出了继拿破仑三世大规模改扩建巴黎之后

从埃菲尔铁塔上远眺拉德方斯。

湘江的傍晚，水天一色。

永州湘江东路风光带设计借湘水之青绿幽深，依零陵之地杰人灵，拟让湘江永州段自身诉说城市的历史与现在，描绘城市的未来，成为“东方莱茵河”上最浓墨重彩一段。

“罨画园林，绀碧潇湘”，以“园林”和“湘水”为对象，以“文化”与“空间”为手法，展现锦绣潇湘的秀美风光，突出永州文化的厚重底蕴。

设计师尽量保留了现状小路、驳岸、林木。同时，通过丰富多变的景墙和雕像刻画永州的四十八个民族，渲染出本地区多彩的民族风情，结合汽车站前规划的民族文化广场，展现永州风情。

“瑶族长鼓”灯柱是北广场的地标。

抗日时期，永州以游击队伍联合农民进行抗日活动，红色文化区将以广场造型、雕塑、植物等多种景观形式展现这一主题。

蓝色飞翔段东面为永州零陵机场，结合这些地标特征提炼“蓝色飞翔”为设计主题。

最雄心勃勃的大巴黎计划。该计划是在巴黎日益严重的城市交通、空间发展、城市建筑受限制，同时又要兼顾巴黎古老建筑保护的背景下产生的。法国人希望在未来10年至20年间将巴黎建成一座全世界仰慕的城市。不管“大巴黎计划”的结果如何，它给巴黎提供了一次难得的机会，一个重新审视巴黎的机会，一个构想和创造共同的“世界之城”的机会。巴黎不仅是浪漫的，也是极具远见的，相信这个浪漫的国度会给全世界带来新的浪漫。

除此以外，世界上还有很多具有这种长远的眼光和远见的优秀城市，这些城市的规划管理者对自己城市的历史、人文、自然环境、产业发展等议题经过了长远的思考，并提出了强烈的主张和大空间发展战略。正是这些主张与战略，使得这些城市有了明朗的方向感。有了方向感，也就出现了前进的步骤，执行的方案以及解决困难的决心。同时，也逐渐改变了城市本身，从而凝聚了市民的共识与默契。下面介绍的这些案例就属于这样的城市，这些案例中有些是已经取得了良好成效，给社会和城市带来了深远的影响，有些是正在进行或准备进行的，它们都拥有长远的战略眼光。

## 一、西溪，且留下

在东方另一个同样有着2000多年历史的城市里，一个和西湖齐名的地方正在被人们所熟知，它就是西溪国家湿地公园。

西溪自古便极具盛名，南宋皇帝赵构曾想建都于此，后见凤凰山改了主意，留下一句“西溪，且留下”，成就了西溪千古美名。电影《非诚勿扰》中西溪湿地的镜头更是增添了其娱乐性与影视元素。如今西溪与西湖、西泠齐名，并驾于杭州，号称“三西”。

杭州自古有海陆之饶，集珍异所聚，且城市规划开阖有度，唐时白乐天蓄水灌田，五代十国钱王再兴拓建，宋时苏东坡疏浚水利，其后杭州便替了汴州，贵为京师，盛极一时。杭州之美自古就不只是因由西湖之名，西溪也是其名满天下的重要原因之一。西溪自汉晋起就被历代文人雅士视为净土桃源，明清后盛极而衰，在长

西溪湿地内随处可见的原生态场景。

达1800年的自然演化和人为干预后，西溪湿地从原始的原生态湿地演变为次生态湿地。

及至近代，人类活动愈演愈烈，西溪湿地的自然生态、人文生态遭到了极大的破坏，虽然仍具韵致，却表和内败。为了更好地保护“杭州之肾”，2003年8月，西溪湿地综合保护工程正式启动。工程遵循“生态优先、最小干预、修旧如旧、注重文化、以人为本、可持续发展”的原则，通过农居搬迁、河道清淤、植物复种、生态驳坎修复、房屋整修等各种措施，对西溪湿地的水体、地貌、动植物资源、民俗风物、历史文化等进行科学的保护和恢复，从而打造杭州特有的湿地生态品牌，全面提升杭州的生态、环境质量和国际旅游名城地位。

西溪国家湿地公园入口。

古语说：源清则流净。水是西溪的灵魂，该处水文，天纵其异，地尽其利，所谓“芦锥几顷界为田，一曲溪流一曲烟”，整个园区有多条河流纵横交贯，其间枝汊蔓流、塘生池成，园区约70%的面积为河港、池塘、湖漾、沼泽等水域，形成了西溪独特的湿地景致。湿地内全部实行管网配置，经使用后的污水完全纳管排放，一改过去污水直排对西溪湿地水质和环境的影响。其他措施则相辅相成，比如西溪著名一景“河渚芦花”，经补种约250亩

西溪秋景。

随处可见的芦苇。

芦苇，使其颜色更增之余，同时净化了水体。古语又说：水至浊则鱼，水至大则鱼多。经此治理，湿地公园内各具西溪特色的水乡物产益发丰肥壮美，极大地促进了景观效益和经济效益。

水既是源，木则为本。西溪湿地位处亚热带季风气候区北缘，四季分明，光照充足，雨量充沛，动植物资源丰富。目前西溪湿地内分布有维管束植物、浮游植物和多种植被型组，桑、竹、柳、樟、槐、莲、栀子在湿地内种植历史较长，尤以芦苇、荻、柿、梅最具规模和特色。至于农居拆迁后留下的裸露地表，在充分尊重原有地形、地貌、植被的基础上

人文西溪。

“千顷蒹葭十里洲，溪居宜月更宜秋。”

采用苦株、枫杨、大叶柳、竹等乡土树种进行植被恢复，从而大大增加了自然植被的覆盖度。

木既多有，则木干鸟栖。湿地公园尝试营造大水面、浅滩和水草地，通过增加水、陆关系的变化形式，使更多的植物、昆虫和鸟类能在西溪找到合适的生存、繁殖地。湿地内的鸟类资源极其丰富，占杭州所有鸟类总数的50%。园区内设置的水禽栖息地，如湿地现有的水体、沼泽地、荒岛等地的茂密植物给鸟类提供了良好的栖身之地。除此之外，在农田、养殖场，甚至房子附近的树林、院落、花园、绿地上设置人工鸟巢等各种招徕设施，吸引鸟类来此安身设居。此番种种，形成了湿地园区飞鸿戏水，鸟舞九天的特色景观。有诗赞曰：“千顷蒹葭十里洲，溪居宜月更宜秋……黄橙红柿紫菱角，不羡人间万户侯”，便是描绘了西溪湿地人

春天的油菜花也是西溪一景。

与自然和谐共生的奇妙美景。

杭州从“西湖时代”向“钱塘江时代”、“西溪时代”迈进，西溪国家湿地公园的成功建设，不仅改变了杭州未来城市的格局，也改变了杭州人们的生活。宋高宗赵构希望“西溪，且留下”，而今日的西溪不仅是留下一方古镇，更是留下一片自然生态；不仅古风留其处，更是造福于后人。

西溪国家湿地公园为杭州永久留下“城市之肾”，其最大意义在于，在寸土寸金的城市中，为人们留下了一片永久的原生态湿地。而这一切要归功于由水源木本而鱼跃禽栖为西溪乃至杭州形成了坚实的生态基础。杭州城市规划管理者由此凸显其大空间战略规划的远见卓识，智者的远见总是因其势而行动，因其难而见巧，这种卓然之识不仅使杭州与西溪交相融汇成就一体，更使它们交流互动，形成了内在活力和实用性，由此也使得杭州与西溪具有足够的持久力和吸引力。

## 二、城市中的森林公园

常州北望长江、东极太湖，自古就是江左名区、中吴要辅。该地属平原圩区，土沃河密，兼有日照充足、雨水充沛，极为适宜植物生长和动物繁衍。未来的常州国家森林公园位于常州新北区内，XWHO | RECON设计团队在多家国际设计公司方案竞标中拔得头筹，以打造“城市中的森林公园，新龙城的时代地标”为设计理念，将森林公园定位

XWHO | RECON规划的常州国家森林公园是一个富有前瞻性及引领性的设计，5.5平方公里的森林公园将促使常州向国际一流城市的目标迈进，目的是为市民创造一个多功能的大型现代城市森林开放空间系统，森林公园的建设将和纽约的中央公园一样成为城市未来发展中的时代地标。

于一个以自然生态为基础，融合康体旅游，零能源消耗的多功能型国家森林公园。

XWHO｜RECON团队中汇集了来自世界各地的跨学科专家，包括城市规划设计师、可持续景观设计师、建筑设计师、植物设计和交通专家等来打造这个生态森林和休闲旅游相结合的城市公园。近年来，世界旅游业对全球自然环境造成的近期和远期的危害渐次明晰严峻，因而一种亲近自然趋于环保的“生态旅游热”方兴未艾。森林生态旅游是指在被保护的森林生态系统内，以自然景观为主体，融合区域内人文、社会景观为对象的郊野性旅游，旅游者通过与自然的接近，达到了解自然、享受自然生态功能的好处，产生回归自然的意境，从而自觉保护自然、保护环境的一种科学、高雅、文明的旅游方式。设计团队以谨本详始的态度对森林生态旅游的真正内涵加以剖析研究，结合我国的实际情况，将常州国家森林公园设计成为一个赏心娱情的绝佳去处，同时也是一座对旅游者进行生态教育的大学校。

常州国家森林公园入口区域效果图。

作为地球地表最大的生态系统，森林生态系统具有复杂的组成和完整的结构，以及旺盛的能量转换和多极的物质循环，所以生物生产力最高，生态效应最强。鉴于森林及植被具有长期覆盖和改善环境的作用，常州国家森林公园的规划充分强调了对自然景观的保护，将中国传统的天人合一的思想和可持续发展的概念运用到方案中，场地内现有的水系和植被都被小心翼翼地保留了下来，整个公园被自然地分为森林湿地涵养区、中央核心功能区和生态休闲养生区三个功能区块，通过道路和水系将各个功能区域连接成了一个整体。

此外，作为森林公园设计中的重要组成部分，生态的多样性得到了最大程度的恢复。整个森林公园的植物设计采用模拟自然的原则，将引进近千种植物树种，重点突出华东植被特色，成为华东地区地带性植物群落和城市物种多样性的展示中心与生态基地。包括阔叶混交林、竹木混交林、针叶林、湿地水杉林、四季林、疏林草地及野花野草等多种植物群落，局部区域突出单一品种，如成片的樱花林、腊梅、水上杉林及常州的市树广玉兰林等四季观赏景观林。除了避免人类活动的干扰之外，对湿地生境的营造也是体现可持续发展的重要方面。规划在尊重场地特征的基础上，利用低洼地和现有水塘形成湿地区域，有助于蓄水和净水的需求，这些池塘和湿地内的水生植物，可以大量去除水中的污染物，并为鸟类提供食源地甚至栖息地，其本身也具有较高的景观价值。不仅如此，由于飞速的生活节奏不断增容“亚健康”人群，设计团队在森林公园内刻意规划出大量集参与性、休闲性、锻炼性为一体的健康旅游活动场所，以迎合旅游业从单纯观光型向休闲康体转变的趋势。

常州国家森林公园的建设富有前瞻性及引领性，将促使常州向国际一流城市的目标迈进，势必为常州市民创造一个多功能的大型现代城市森林开放空间系统。森林公园将成为常州城市未来发展中的时代地标。

## 三、一个半世纪的精神

在美国纽约曼哈顿岛有一个去处，人们在此以戏剧向莎士比亚致敬，以歌谣缅怀约翰·列侬（John Lennon），看伍迪·艾伦（Woody Allen）的话剧，听邦·乔维（Bon Jovi）的嘶吼，随着安迪·沃霍（Andy Warhol）的足迹向往艺术，在涂鸦墙上挥洒以宣泄性情。这个去处就是纽约中央公园（Central Park）。该公园设计于1858年，前后构建耗时15年，从其建立至今150余年间名扬天下，并开一时风气之先，启蒙了现代景观设计学。设计者弗雷德里克·劳·奥姆斯特德（Frederick Law Olmsted）因此被后世尊为现代景观设计学的奠基者。

中央公园位于曼哈顿的中央，面积为340万平方米，占150个街区，有总长93公里的步行道、9000张长椅和6000棵树木。园内设有动物园、运动场、美术馆、剧院等

纽约中央公园（Central Park） Google地球。

各种设施。奥姆斯特德当年极富远见，认定将来此地四周必会发展起来，而且认为该处城市空间定会人满为患，而这方公园届时便是居民可以领略自然风光的唯一地方。中央公园为公众开启了一处生活景观，使彼时的百姓万家有了娱情悦性、怡志养神的去处。中央公园预见性地将自然与城市建设相结合，对美国乃至世界的现代景观设计产生了深远影响。

19世纪正是欧洲田园主义兴盛之时，奥姆斯特德深得其奥，他认为园林艺术只有在遵循自然时才最有表现力，所以将中央公园布置得一派乡曲村俗之态、水林明秀之色。设计中因地制宜、循势而动，着意于当地地形与自然条件，凸显了当地地

域的自然风貌。中央公园的所在地正是曼哈顿岛上一块隆起之地，地形狭长，地表多岩，在一定程度上对种植造成了困难，因此设计者选择大量种植乔木及灌木，从而将中央公园成就为一个树木园林。其中尤以双排的美国鹅掌楸最为醒目，楸木遍围林荫广场，枝条自然垂拱成型，树冠下举目望去自成一景。园内乔木高茂，遮噪掩音；四周灌木盛密，适意恬静。此间地势高成低就、坡缓谷幽，植被草长林薄、花遮树掩，极尽妍态，颇壮观瞻。公园多有崎岖处，设计者因势利导将土地向西拓展开去并增加两片草坪，草坪下因地势下陷而斥重资增填土壤加以厚实，一片辟为儿童嬉戏之地，一片辟为绵羊草场( Sheep Meadow )。绵羊草场如今已不见牧游郊野的羊群，却遍是沐浴阳光的人群。

公园中大路和小路皆作弯曲状，以遵循流畅自然为主，所有的道路形成互通往来的循环系统。共有三种形式的道路：人行道、骑马专用道和车行道。这些道路之间通过桥梁或地下通道相互隔开，四通八达可畅行无阻。在自然式的设计当中也掺杂了整齐式设计，最令人瞩目的是一个大的林荫道及中央林荫广场( The Central Mall )，广场平衍开旷，四面荫蔽，游人颇喜驻足闲坐，近看庭前花开落，远观天外云卷舒，何其惬意。中央公园其内另有庭院、溜冰场、旋转木马、露天剧场、两座小动物园，可以泛舟水面的湖、网球场、运动场、美术馆、草莓园( Strawberry Fields )等供游人或游戏运动或陶冶性情。

海德公园。

凡尔赛花园。

中央公园由昔日的旷野荒郊和地瘠民贫到此后的茂林修木和水阔草美，它的建成刺激了周边地区的房地产开发热潮，带动了当时尚属郊区的周边地区的城市化进程。在都市文明中享有自然情趣，在工业喧嚣中得到清心净土，这对社会各阶层的人们都极具诱惑。中央公园的兴建使普通市民有了一个娱乐休闲的去处；中产阶级满足了他们提高生活品质的愿望；地方政府收到了不菲的房地产税；经济的发展因此一举千里。这是一个多赢的结果，而这要归功于城市规划者的远见与卓识。

无论是伦敦的海德公园、巴黎的凡尔赛花园，还是纽约的中央公园，无一例外都是所在城市极具代表性的城市公园。这些公园除了深入当地人心外，也深深改变了当地人的生活。经历了一个半世纪，中央公园一直是曼哈顿生活的缩影。曾有人说过："失去纽约的美国将不再是美国，失去中央公园的纽约将不再是纽约。"

这些城市的发展经历告诉我们，无论是致力于展现富有时尚的大都会曼哈顿，还是精心营造公众休闲生活空间的杭州，抑或是力图打造世界之都的历史城市巴黎，无不都体现出城市大空间战略规划的重要性及其城市规划管理与执行者的远见和卓越。

从某种意义上讲，这些城市都是非常有远见有魄力的，不仅立足当下，更多的是长远的考虑。而且有魄力能把这种远见实践下去，这种远见所蕴涵的深刻思考，正是我们所希望传递给社会大众的，以期唤醒人们对自己所处城市环境的关注并进而采取行动。

# 第三节　城市公共空间的系统性

## 一、公共空间改变整个城市

我们知道城市的发展是在一系列单独事件下逐步演变而成的，城市规划或设计的根本任务是创造城市生活的空间框架，这个空间框架应该是保持统一、和谐与完整的。而且这个框架的组成应该是丰富且完善的，它应该包括城市的绿色网络（公园系统）、蓝色网络（水系统）、步行系统和广场系统等。

霍华德在他的《明日的田园城市》一书中描述道："一座城市就像一棵花、一株草或一只动物，它应该在成长的每一个阶段保持统一、和谐、完整。而且发展的结果决不应该损害统一，而要使之更完美；决不应该损害和谐，而要使之更协调；早期结构上的完整性应该融合在以后建设得更完整的结构之中。"[28]

弗雷德里克·劳·奥姆斯特德（Frederick Law Olmsted）。

在这个网络当中，公园系统所起的作用是至关重要的。大面积的自然空间不仅支撑起城市公共空间系统的总体框架，同时也是城市生态结构的主要框架。这个框架对城市公共空间的位置、形式或连接性有一个直观的体现，也构成了与城市相对应的生活方式的构想。那么，这个框架的连续性和系统性就显得尤为重要。当然，这个框架也会影响或引导城市未来发展的愿景及人们的期待。而其最重要的是城市开放空间系统的构建，或者说城市公园系统的未雨绸缪。

被公认为美国风景园林之父的弗雷德里克·劳·奥姆斯特德（Frederick Law Olmsted）是最早意识到城市公园系统重要性的，其景观设计哲学也引发了人们对城市环境的更多思考。有人说："没有奥姆斯特德，美国就不会是现在的这个样子。"除了人们所熟知的纽约中央公园外，他在公园系统（Park System）和公园道路（Parkway）上也作出了极大的贡献。在他的领导下，美国催生了大量的新型城市公园。

一个成功的公园系统表现为网络化的布局、较高的人均绿地比例、连续的慢型交通网络和不同类型的公园体系。而且公园体系必须多样化和"物种"丰富，既有大面积的城市中心公园、各种主题与特色的片区公园，也有小型街头绿地和社区公园，而且这些公园之间通过线性的绿地和廊道进行连接，就如理查德·T. T.福尔曼( Richard T. T. Forman )所倡导的“斑块—廊道—基质”模型一样，形成一个完整的生态网络。这个绿色网络在为生活于城市里的人们提供诸如散步、家庭聚会、演出、运动以及野餐等多种活动空间的同时，也在改变着城市本身。最为明显的是改变了人们的生活和形成城市未来发展的可持续框架。一个城市的公园系统对城市的影响是深远的，除了能改善城市的环境品质、缓解气候、涵养水土等生态效益外，还能提升城市的土地价值、消除贫富差距，为人们营造一种平静的生活。

公园系统搭建了城市公共空间系统的主体框架，而城市内的广场、街道、滨水空间等多种类型的公共空间却是展现城市活力的重要场所。这些空间类型，将与城市公共空间的主体框架共同形成城市完整的公共空间网络。广场与街道依据城市功能的合理布局与相互关联影响着人们生活的便利性与丰富性。同时，合理的布局结构也会保证城市生活的有序与空间利用的高效。

交通的网络化是现代城市社会建构的前提，而公共空间是人们步行活动的重要场所，因此，建立连续的公共空间网络系统对城市的生活也有着重要的意义，尤其在人口密集、公共开放空间严重不足的大都市，如何建立公共空间的连续性显得尤为重要。

公共空间发挥着城市中“市”的主要功能，城市中公共空间的分布、整体结构及相互联系关系着人们生活的方式和质量。城市公共空间整体来说，可以看做城市生命体这个巨系统下的一个子系统。系统是事物客观存在的方式，一个事物不是一个系统，就是系统的组成部分。城市公共空间系统不仅是城市系统的一个分支，其本身也由若干不同的空间类型及子系统组成。

系统性是城市公共空间的一个特性，这个系统和网络是由不同的公共空间类型和规模组成的。公共空间系统构建起城市生活的重要演绎场所，与城市的生态系统、经济系统、社会系统相互支撑，相互作用。从城市规划与设计的角度出发，城市内的开放空间作为一个系统，同样有着系统的本质属性，如整体性、关联性、层次性与统一性。

系统的整体性能有着大于各要素性能之和的特点，整体性也是系统的一个首要属性，整体性的作用并不单单体现在数量上的集合和累加，更重要的是各要素间所产生的相互作用，以及整个系统的合理组织所产生的整体效应对品质的提高。同样，若是将系统内的各要素脱离公共空间系统的整体，也将失去它在整体系统中所发挥的功能。因此，城市规划中建立城市公共空间系统的整体性尤为重要。在城市公共空间规划时，除了需要考虑它的系统性外，还需要考虑其多样性、连续性、趣味性、可读性和丰富性等。

## 二、建立连续的城市公共空间

建立连续的城市公共空间不仅是发挥城市公共空间系统作用的重要前提，其对改善城市的整体生态环境、提升城市生活品质也有着重要的意义，同时它也将影响到人们的生活方式并展现城市美学特征。

城市公共空间作为人们城市生活的重要演绎场所，建立连续的公共空间是城市设计必须考虑的，这对于塑造城市整体印象有着非常明显的意义，这一点凯文·林奇在他的《城市意向》中已经有很好的阐述了。

丹·凯利在谈到空间的连续性和相互连接的空间结构时，解释到“我仍然在寻找那种与你在自然中散步时所发现的相同事物。当你穿过密密的树林，然后来到一片开阔地。继续前进而进入一片糖槭林，那里的树相距很远。树木总是在变化之中。空间总是在流动，并且景色从里到外以及周围各处总是在变化与运动着。它是无限的。研究那种空间运动的整个过程是一个无止境的、令人激动的事情。那就是你在现代景观设计中所使用的手段。”[29]

连续和相互连接的公共空间总是比零碎、不成系统的空间更加让人兴奋和有趣。就如同“生态廊道”一样，它使各生态斑块相互连接，并形成一个完整的生态系统。

奥姆斯特德早在19世纪60年代就提出了用公园道或其他线性方式来连接城市公园的想法，这便是最早期的绿色廊道，如波士顿“翡翠项链”就是他最具代表性的作品之一。整个规划最大的特色就是设计了一些连续的绿色空间——公园道（parkway）将奥姆斯特德设计的两个公园和城市内其他的几个公园，以及穆德河

（Mudd River，该河最终汇入查尔斯河）连接起来。这里的公园道是指“两侧树木郁郁葱葱的线性通道”，这些通道连接着各个公园和周边的社区，宽度也不大，仅能够容纳马车道和步行道。

新英格兰地区的绿色通道规划也是这一思想的延续，只是更多地考虑了环境的改善以及公共空间的连续性，同时也有着发展当地旅游业的规划意图。这次绿色通道规划，在新英格兰地区6个州现有的绿色通道基础上，考察了现存绿色通道网络之间的缺口，并寻求出相应的联系方案，增加了约20438公里的步行道，从而将新英格兰地区所有的开放空间都连接起来。设计者 Julius Fabos将绿色通道分成了三类，分别为娱乐类通道、生态类绿色通道和文化历史类绿色通道。其中沿着自然的河流或者废弃的铁路旁的绿色通道为娱乐类绿色通道（Recreational Greenways），而沿着河流山脊布置的，以保护生态环境，为野生动物提供迁徙通道的绿色廊道为生态类绿色通道（Ecological Greenways），另外也规划设计了以展现历史遗迹和文化为主，具有较高的美学、娱乐和经济活动的场所空间和步行道称为文化历史类绿色通道（Cultural and Historic Greenway），此类通道边缘可提供较高质量的居住环境。

绿色通道的设计思想已经成为当前城市规划中的重要理论基础，它为建立连续的城市公共空间奠定了基础。

协和广场：世界最美丽的广场之一。

建立连续的城市公共空间除了在公园道路之外，也体现在不同的空间类型层面。广场系统、街道体系、水系统等也都需要考虑其连续性和完整性。连续的公共空间将引导连续性的行为活动进而对人们的生活带来积极的影响。由于公共空间是人们活动的重要场所，因此在人们活动的一定范围内，只有保证公共空间的连续性，才能保证人们公共活动和公共服务的连续性，也会因此来引导人们行为活动的连续发生，丰富人们的生活，同时，连续的公共空间对塑造城市的整体印象也起着重要的作用。

说起巴黎，人们不仅会想到埃菲尔铁塔，也会想到凯旋门、塞纳河、香榭丽舍大街等，然而这一系列的城市印象正是通过建立了连续的公共空间来成功打造的。

香榭丽舍大街的设计，将巴黎市中心有着重要历史意义的协和广场和戴高乐广场连接在一起，建立了一个功能更为丰富更充满活力的公共空间体系。

协和广场是法国最著名的广场，也是世界上最美丽的广场之一，它因有着重要的历史意义而闻名于世。协和广场的南面是法国的国民议会大厦，东面是著名的卢浮宫和杜乐丽花园。

戴高乐广场凯旋门也是法国的地标性建筑，其周围有巴黎的象征——埃菲尔铁塔、法国军事学院和荣誉军人院等。十二条林荫大道从广场辐射延伸，不仅使整个广场气势非凡，也使广场与远处的公共空间相连。

香榭丽舍大街不仅将这两个广场相连，更重要的是，它本身也打造了极具特色的街道空间。整条大街全长约1800米，宽100米，并以圆点广场（Rond-point des Champs Elysees）为界形成各具特色的两个街段，东段长约700米，以自然生态为主题，绿树成行，打造了一条鸟语花香的林荫大道，如今已是喧闹城市中一处难得的清幽之地。而西段则是以富丽、奢华著称，长约1200米，是一条云集世界名牌的高级商业街区，靠近凯旋门一段更是一流服饰、名牌香水等各类名品店的聚集地。同时，街道两旁也布满了法国及世界各地的大公司、银行、航空公司、电影院、高档餐厅和商店。

我们还会发现，香榭丽舍大街与塞纳河的一段几乎是平行的，因此从大道向南便可以直接到达塞纳河，人们可以乘船夜游塞纳河，映着波光品味香榭丽舍大街

巴黎香榭丽舍大街。

所展现的巴黎的繁华与浪漫。

这一系列的公共空间相连不仅满足了人们旅游观光、休闲娱乐、购物餐饮等多种功能，同时也展现了巴黎的历史文化、繁华与时尚。空间的连续不仅引导了人们多种行为活动，或者说满足了人们多种行为活动的需求，同时也为来到这里的人们留下了深刻的城市印象。

公共空间的连续性是如今城市设计中的重要手法，在人口密集的大都市，公共空间的连续性加强了空间的使用率，同时也为人们的步行活动营造了连续的空间网络。例如：从上海的人民广场到南京东路步行街，再到外滩万国建筑群；或者选择向西游览，从人民广场经由南京西路到达有着悠久历史的静安寺，可谓建立起一定范围内连续的步行空间。然而，公共空间的连续性并不是简单地将各节点空间通过路径相连接，而是强调步行交通连通后的空间体验与对人们行为活动的引导，以及对人们多种功能服务需求的满足。从这个层面来说，对比上海和巴黎的公共空

（左）塞纳河畔；（右）香榭丽舍大街。

间质量，显然上海的公共空间设计还需在关注行人步行体验和对历史文化的尊重上做更多的考虑。也就是说，具有连续性的公共空间不仅应具有丰富多样的功能，其空间的可步行性也是非常重要的。

## 三、公共空间的多元化与易读性

除了连续性外，多元化的城市公共空间也是一个城市展现其魅力和特色的重要方面。视觉的丰富性和空间的易读性会直接影响步行其中人们的情感与体验。

**1. 视觉的丰富性**

我们都知道，单一枯燥的空间会让人感到行走疲劳，而根据雅各布斯的研究，视觉丰富性强的空间会让人心理的行走时间多于实际的行走时间。因此，空间视觉的丰富性直接影响着步行者的步行体验，它对保持公共空间的连续性十分重要。

视觉丰富性是指环境提供的视觉信息的丰富程度。视觉丰富性的根本是反差，[30]缺乏反差、形式单一的空间界面由于无法提供丰富的视觉信息而无法给步行者带来丰富的步行体验。

视觉的丰富性是对环境的动态体验的一种表述，而在城市环境中的体验是一种包含移动与时间的动态活动。戈登·库仑作为空间环境动态体验研究的代表人物之一，在《简明城市景观》中提出了“连续景象”的概念，用以描绘城市景观的视觉景象。他认为环境的体验是一个动态的、不断浮现的、逐渐展开的时间序列。戈登·库仑指出，伴随着由强烈对比及“并置的戏剧性”刺激产生的愉悦感与趣味性，这种体验通常是一系列景观的拉开与展示。除了直接出现的“已出现景象”外，还存在不同的“将出现景象”的提示与线索。[31]

从戈登·库仑的研究中可以得出一个重要结论：在人的感知中，环境中的动态体验通常是一系列连续的画面，人们也通常用这一系列画面来解释或描述空间体验。那么，在相同的时间段及相同的步行距离内，步行者用以解释或描述所经历空间所需画面的数量可以在很大程度上说明体验的丰富程度。

交叉口、地标、建筑细部等与周边环境所产生的形态、体量、形式、光线明暗的对比都会形成连续的景象画面，也因此影响着空间环境的视觉丰富性。

**2. 空间的易读性**

“易读性”则是公共空间连续性的又一重要标准。易读性是指“让一个场所能被人们掌握的品质”。而在一系列连续的公共空间中，易读性可以理解为这一系列空间能被人们掌握的品质。由于人们不愿意在无法掌控大致布局的、混乱的空间序列里活动，尤其是步行空间，步行总是会有目的地的，因此，在这个连续的空间体系中，能否方便找到目标直接影响着空间的连续性。当易读性差时，人们会考虑乘车到达目的地来代替步行。而易读性主要由空间内关键物质元素的构成决定，关于关键物质元素的构成，凯文·林奇在《城市意象》中提出了现在普遍为人们所接受的五个要素：路径、节点、地标、边界、区域。[32]人们通过这五个要素可在脑海中构建“认知地图”。易于构建“认知地图”，并且能在使用过程中“认知地图”，易于清晰并能较快掌握的环境被称为“易读的环境”，因此，对于一系列连续的公共空间，易读的环境，人们才会有兴趣和耐心从一个空间步行至另一个空间，这是影响公共空间连续性的另一重要元素。

需要强调的是，公共空间的连续性不仅是为了满足人们行为活动的需求，也是为了保持自然生态环境的连续性。当我们从人们活动为设计出发点时，也要从自然生态环境的保护为着手点，并使若干公共空间的子系统与城市公共空间的生态系统相结合，建立完整全面的生态系统布局，提升城市的整体生态效应。

## 四、水之城——明尼阿波利斯公园系统

在印第安语中，“明尼阿波利斯”( Minneapolis )有“水之城”的意思，这座以水著称的城市在1993年被美国《财富》杂志评为具有最佳国际商业环境和最利企业发展的美国十大城市之一。在《财富》杂志列出的500家大公司中，有31家的总部设在这里。

这一切都要归功于明尼阿波利斯城市的公园系统，可以说它改变了这个城市。

明尼阿波利斯的公园系统也被认为是美国位置最好、设计得最好、维护得最好和经济状况最好的公共开放空间。

这个公园系统将城市内的170个公园相连接，建立了一个延伸至全城的公园

明尼阿波利斯河。

整体，公园的外围建立了一个连续的交通系统，不仅有行走和慢跑的道路，也有景色优美的自行车道和车行公园道路。整个公园系统的设计使得有着约38万居民的明尼阿波利斯每60个人就能享有1英亩的公共开放空间。

公园系统发挥了很好的整体性，它的设计使人们从城市的任何地方都可以方便地到达这里，同时公园系统所包含的22个水面如镜的大湖创造了不同风格和特色的景区，发挥了其所在地的地形潜力和使用特性，并串联起公园内的所有功能区，使不同方向进入公园系统的人们可以共享系统内全部的设施和特色景观。公园内每一部分所发挥出的特性强化了这个系统的整体效应，例如，公园内的小岛湖（Isles）是一处可以滑旱冰、滑雪的地方，同时也是可以举办巡回演出的场所，而哈里特湖（Harriet）成为了一处适合家庭休闲的地方，这里有野餐区、运动场、壳形演奏台和一些团体性的运动器材。

克利夫兰和沃思所建造的这个公园系统使明尼阿波利斯这座城市走上了生态发展的道路，正如亚历山大·加文所说："我们通过把公园作为独立且统一体系的一部分进行构思和设计，可以把商业活动引导到特定的地区，而不是其他地区，形成这些地区的商业活动的框架，控制或刺激人口的迁移，甚至改变居民的日常生活方式。"[33]整个开放空间的营造大大提高了人们对相邻地区土地的需求，并且使这些地区持久保持着吸引力，如今，公园的周边仍然分布着当地最昂贵的住宅地产。

## 五、翡翠项链——波士顿公园系统

公园应该属于人民，因而每一个常去公园的男人、女人和孩子都能说："这是我的公园，我有权在这儿。"

——托马斯·兰布（1869年在波士顿"公园问题公众听证会"上的发言）

19世纪中叶，欧美发达国家在工业化快速发展的进程中出现了城市无序蔓延、生态环境遭到严重破坏等诸多问题。

波士顿作为美国马萨诸塞州首府，位于查尔斯、米斯蒂克两河河口，东临马萨诸塞州湾。19世纪下半叶制造业和商业取代海上贸易成为主要行业，城区范围迅速扩大。一方面，当时波士顿大规模的移民浪潮，使移民人口在短短10年中，由占城市人口的10%飙升到46%；另一方面，交通工具的快速普及，使波士顿在1855年便有8个独立的铁路系统，中上阶层的住区便沿着铁路系统发展起来，房产投资的巨大浪潮接踵而至。从1888年到1892年，不到3年，波士顿普及了更为高效和廉价的电车系统，以市中心为汇集点呈放射状延伸，连接了城郊和周边城镇，形成了面积巨大的波士顿城镇集聚区的趋势。[34]

而这种城市的急剧扩张便使得普通市民离自然乡村越来越远。城市的发展与自然风景的矛盾日渐凸显，然而，由于缺乏相关法律的约束，开发商肆意开发建设的现象明显，丘陵、河谷都受到了严重破坏，原本辽阔美丽的查尔斯河和海湾被大量填海造地，自然风景受到了严重的破坏。同时，潮汐平原洪水侵蚀、土壤盐碱化、海湾泥沙淤积、水体污染等系列环境问题使人们的生存环境严重恶化。在探索经济发展与生态环境保护双赢的实践中，奥姆斯特德倡导的“公园道”及“公园系统”对城市的发展及环境的保护带来了积极的影响。波士顿“翡翠项链”就是在这样的背景下产生的公园系统。

公园系统（Park System）是指公园（包括公园以外的开放绿地）、公园路（Parkway）和绿道所组成的系统。通过将公园与线性绿地的系统连接，达到保护生

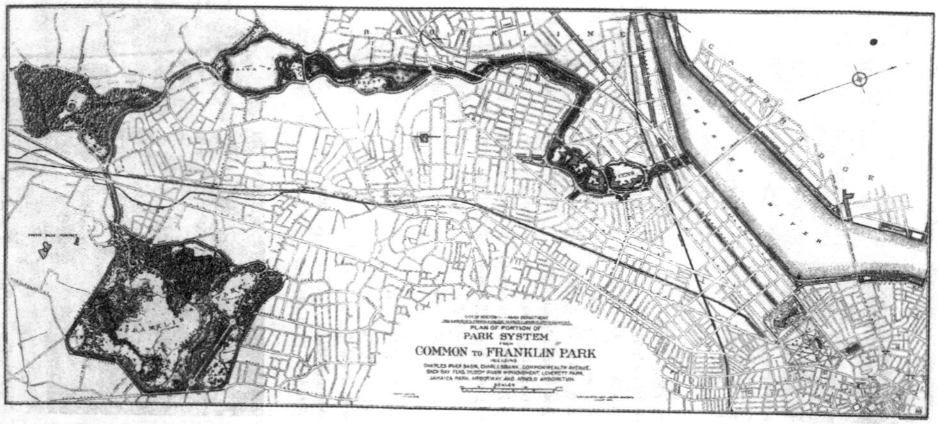


波士顿翡翠项链。

态系统，引导城市开发向良性发展，增强生活舒适性的目的。[35]

1878年，马萨诸塞州立法机构和波士顿的选民们批准成立的公园委员董事会指定奥姆斯特德担任顾问专家和景观设计师，为一个天然咸水沼泽建造公园。这些沼泽容纳着斯通尼河与玛得河两条河流流向查尔斯河的河水，以及涨潮时由查尔斯河回流的咸水，再加上此地用于排洪和排放各种废水，因此这个地区迅速成为了一处传染病繁衍的地方。

1895年，奥姆斯特德的工作结束了，令人们震惊的是，他建造了一个2000英亩的“翡翠项链”公园系统，从波士顿公地( Boston Common )、公共花园( Public Garden )开始，经过周边地区，一直延续到罗克斯伯里和南波士顿的边界。奥姆斯特德将沼泽区建造的公园和波士顿公地及大众花园连接在了一起，同时建议将内陆的沼泽和几个新建的公园相连，最后形成了一个绵延约16公里的公园系统，由相互相连的9个部分组成，分别为：波士顿公地( Boston Common )；公共花园( Public Garden )；马省林荫道( Commonwealth Avenue )；滨河绿带( Esplanade )，也称查尔斯滨河公园( Charlesbank Park )；后湾沼泽地( Back Bay Fens )；河道景区和奥姆斯特德公园( Riverway & Olmsted Park )，又称浑河改造工程( Muddy River Improvement )；牙买加公园( Jamaica Park )；阿诺德植物园( Arnold Arboretum )和富兰克林公园( Franklin Park )。这个公园系统被人们亲切地称为波士顿的“翡翠项链”。

在此次的规划中，奥姆斯特德采用了一种有机联系的思想，并把这种思想总结为一个全新的概念——公园道( Parkway )。公园道的规划思想并不是第一次出现在奥姆斯特德的作品中，但却在这个项目中表现得最为充分。这里所说的“公园道”主要是指两侧树木郁郁葱葱的线性通道，这些通道将各个公园和周边的社区相联通，并不是很宽，在当时只能容纳马车道和步行道。需要注意的是，在奥姆斯特德生活的时代还没有大量使用的汽车，因此设计中所强调的交通方式是马车和步行。而到1920年以后，公园道的建设虽继承了奥姆斯特德的思想，但主要强调的是汽车以及道路两旁的景观所带来的行车愉悦感。直到1959年，怀特首次提出“绿道”的概念，可以说是“公园道”概念的延续与补充。“绿道”被赋予了水土保持、物种保护和休闲等更多的功能和含义，并在全美普及起来。

在奥姆斯特德的规划方案里，水域的整治与湿地恢复是项目规划的重点目标之一。方案中，公园的选址和建设与水系保护密切相关，其目标就是要整治面临洪水泛滥、水量失衡和生物灭绝等危机的查尔斯河。在整体规划上，“翡翠项链”将汇入查尔斯河的穆德河（Mudd River）与其他几个公园通过“公园道”相连接，成功将水域空间规划同复杂的生态系统恢复结合起来，而不仅仅局限于景观规划，最终目的是希望通过综合规划的方法来恢复查尔斯河流域的自然状态，从而达到改善河流水质，控制洪水泛滥的目的。在具体操作上，奥姆斯特德划定了沼泽与城市发展的边界，并指出要在河岸两侧大量种植能够抵抗周期性洪水和盐碱的植被使之能够自然地生长，从而恢复沼泽地整体的自然演变过程。[36]

“翡翠项链”对于波士顿城市生态环境的恢复与保护作出了巨大的贡献，同时，由于公园系统建立于城市扩张蔓延的过程中，在城市开发建设之前就已将生态环境保护的范围确定下来，因此对新城区的健康发展起到了重要的引导作用。这也正是我们所提倡的城市公共空间系统所发挥的环境效益。然而，波士顿的公园系统的成功之处不仅仅体现在其对生态环境的恢复与保护，也体现在其对城市社会环境的影响以及对城市经济发展的高度前瞻性上。

当时美国的大多数城市因急剧膨胀带来了许多问题，如城市空间结构不合理、环境恶化、城市交通混乱等。伟大的人本主义者杰弗逊竭力宣传他的民主思想，而奥姆斯特德正是用公园的思想来表达城市平民的愿望，他通过公园道或其他线性方式来连接城市公园，或者将公园延伸至附近的社区中，来增加附近居民进入公园的机会。在他看来，满足某一邻里需要的公园设计方案很可能无法满足另一邻里的需求，孤立地考虑每一个公园是错误的。整个公园系统必须能令所有阶层的人方便进入，并方便去不同类型的设施。[37]

在奥姆斯特德看来，自然美是缓解工业革命后城市环境拥挤状况的必要条件，美丽的自然风光能起到安抚市民受挫的心情和提高人们品德的社会效益。尽管富人和有教养的人具备享用公园的良好素养，但是他更愿意使他的成果令穷人和劳动阶层受惠，因此，奥姆斯特德强调，公园既要有适应上层社会的艺术品位，也要有向广大群众提供锻炼身体、呼吸新鲜空气和提升品德的地方。正所谓大道之行，天下为公。我们所倡导的，正是城市公共空间应贴近人们的生活，为人民群众服务，促建公平、平等、和谐的社会。

然而，奥姆斯特德也在无意识中开创了多目标规划的先例。将公园作为一个独立且统一体系的一部分进行构思和设计，可以把商业活动引导到特定的地区，而不是其他地区，形成这些地区的商业活动的框架，控制或刺激人口的迁移，甚至改变居民的日常生活方式。[38]自1950年至1990年间，波士顿的人口由80.1万人下降至57.4万人，[39]在这段时间内，市中心以外地区没有多少再次增长的压力，有效抑制了这些地区的持续郊区化。“翡翠项链”公园系统很有说服力地显示出，开发一个整体的综合性的公园系统来满足整个城市的需求是恰当有效的。并且它将在一定时期内为城市社会和经济变动提供一种稳定的因素。[40]

当然，没有公园系统的规划，波士顿也会继续发展，但是，“翡翠项链”公园系统的规划却为城市的发展提供了一个清晰明确的框架，城市中将随处可见美丽的自然风光而不是受滋生传染病的侵害。波士顿的公园系统从1878年开始建设至1895年建成“翡翠项链”的格局，历经17年，并延续至今，可谓城市发展与生态环境保护双赢的典范。

## 六、碧蕴城郭秀，水绕都邑形
## ——宁波鄞州区水印绿廊双环公园系统

在蓝色与绿色之间
在机械主义与自然主义的角斗场
我们选择用自由的角度
展开记忆中的风景长廊

——夏建统

鄞州原名鄞县，秦时设名，沿用千年有余，实属罕见。公元1047年，王安石来此穷僻闭塞的海滨小县出任县令，时逢灾年，当即开库放粮，济民救灾。在任三年，王知县大肆兴修水利，低息贷谷于民，此后千家百姓均不知有凶年之忧，七乡三邑无不受沾濡之益。2002年，鄞县撤县设区，更名鄞州新城区，为宁波三江片之一。新区之形，未来之态，何去何从，成为当局之急。决策者们循半山为民之心，举国策为民之利，借中外城建之理，集世界精英之才，构筑新城的整体空间架构和公园系统，以期无穷碧蕴城郭秀，泓然水绕都邑形。

2004年，宁波鄞州区政府委托XWHO｜RECON团队对新城区绿地系统进行梳理和规划。鉴于场地内现有水系阡陌纵横，落成公园星星点点，文物古迹熠熠耀彩（包括费君祠、甘露寺等），这些带状或块状绿地与古迹散落于新区各处。设计团队穿珠引线，将中心区串联成"流动的水环"，沿其双侧点缀连续绿带和开放空间，同时巧饰地方文化、传统文化特色，形成"特色生活环"、"有氧运动环"及沿环的17个公园系统。

"水印绿廊"的功能定位还包含复合的五个系统：一个完整的植物生态景观系统（a living landscape of flora and fauna）、一个地方文化的展示舞台（a set of system of culture resources that reveals local culture and custom）、一个城市交流和娱乐的公共客厅（a system of parklands supporting passive and activeuses）、一个休闲锻炼健身的廊道（a network of paths and parkways that carry commuters as well as recreational users）、一组旅游观光的连续空间（an outstanding resource for tourism）。规划通过对以上五个功能空间的叠置组合，使"水印绿廊"成为一个满足鄞州中心区居民生活、娱乐、健身和体验历史文化需要的城市开放空间系统。[41]

水印绿廊双环可望可居，可行可游，生态景观，文化舞台，公共客厅，健身廊道，观光游地，五位一体，一应俱全。市民不出鄞州即可"坐穷泉壑"，洞鉴古今。

在望居行游中，望即为欣赏，不论景观还是建筑都是为了望，为了在空间中得到丰富和美的感受。所以望甚是重要，不仅行、游离不开望，就是居住也需要望。既然以望为本，那么在望的景致中自然离不开植物设计。在生态景观系统内部，植物群落因地制宜，植物种植因势利导。根据区内已有植物群落，设计团队根据其所处位置类化细分，包括开放公园植物群落、条形公园植物群落、树木/灌木群、

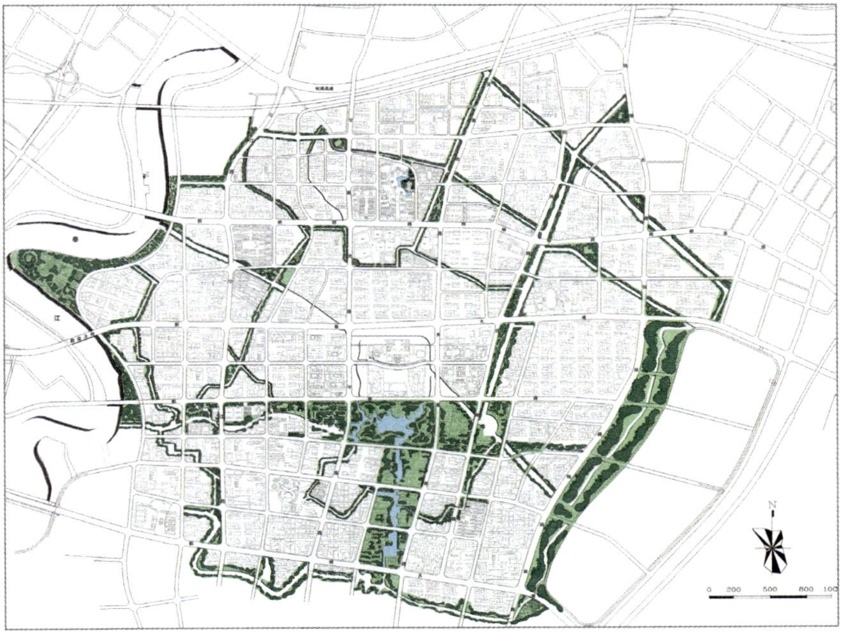


宁波鄞州区水印绿廊双环公园景观平面图。

城市植物群落以及湿地植物群落，并为各群落度身定制树种植物，其种植形式也因类区分。

鄞州自河姆渡时已有人居，其历史文化自然是源远流长。今人乐业安居，文化承传方式已远超古人想象。在双环的设计中无处不体现着对历史文化和当地文化的尊重和发扬。在这里设有竹音园，所谓“食可以无肉，居不能无竹”，竹是江南文化和戏曲文化最具代表性的符号。在这里还有木艺公园，取自民宅中门窗的雕刻工艺；衣方公园，展示当地的纺织工业；花火公园，源于特色麻将文化和书法文化；交流公园，感官世界万物之本源；等等。设计师集天地之灵气，采自然之精华，就地取材，褒古扬今，依托地形造昔日田垄之形，利用建筑喻往日农田之景，于都市中营造山水之美。

居者必行游，游必有方而行必有道。在双环中，沿水网两侧设计了“健康步道”，响应全民健身之需，提倡原始健身之道。步行系统中根据环绕距离不同形成大小不一的“健身步行圈”,同时混合种以条形公园植物群落、树林/灌木群和湿地植物群落。此外,为减少人行对生物活动的影响,设计师根据空间特性,以多种模式将绿地系统连通,为生物提供迁徙廊道。公园道路与步行系统为分离设计,公园道路可串联双环内所有公园与社区,并可人车同行。在设计中,还根据视觉景观分析,确保了公园道路与步行道路沿线的景观视觉的观赏性和丰富性。

鄞州两千多年的历史有诉说不完的故事,规划区域内的两处历史文物与城市一道起伏跌落,盛衰兴废。这正是使鄞州成为可游之地的魅力之一。规划将保留遗留建筑并扩大其周边面积,以甘露寺为点设计甘露公园,重振寺庙辉煌,筑造佛教名刹;以费君庙为主设计古祠公园,颂仰费君伟绩,重温戏曲习俗。通过这样的设计,使城市公共绿地成为展示鄞州旅游资源的窗口。

水印绿廊双环景观设计以完整的城市公园体系体现了生态价值、文化价值、景观视觉价值和城市空间功能,使人不出鄞州而获山水之怡,身处闹市而有林泉之致。

# 第四节　空间与历史

## 一、城市艺术与文化之魅

美,对于一个城市来说,往往是拥有自己独特的地方。

人们往往习惯于对城市中单个建筑或一个雕塑艺术品的形态与艺术性提出各种不同的观点和要求,却忽略了对城市整体美的要求。

在现代人的心目中,美的城市往往是干净的街道、整齐的建筑和统一的外立面,或是高楼大厦林立的商业中心。现在很多城市,为了追求“城市美”而去统一装点城市门面、用盆装的花代替自然的野草、赶走小摊小贩等。

文丘里说“杂乱而有活力远胜统一”。而我们似乎更热衷于“统一”,而对“杂乱”嗤之以鼻。

当前中国城市的发展建设，人们提到最多的一点莫过于“千城一面”，这其中主要的一个原因，多数可归咎于对城市特有文化内涵的遗忘与回避。忽视对当地特色文化的挖掘与发扬，而一味地追求和模仿西方发达国家，泛滥的西班牙建筑、意大利建筑、纽约的摩天大楼，等等。张钦南在他的《阅读城市》一书中发出无奈的声音：越是珍惜自己特色的城市，这种对话性也越显得强烈。相反，那些盲目追求“现代化、国际化”的城市，却只能给人以一种文化的失落感。[42]

城市，作为人类聚集和生活的重要空间，人们在这里居住、工作与生活，城市中的各个要素，都与人类有着千丝万缕的联系。人作为城市发展的主体与动力，对城市环境和生活，也有着物质及精神上的标准及需求。当人们不再为温饱及生存烦恼时，在精神上对文化和艺术的追求也就变得更加积极与渴望。而人对美的追求自古有之，这里提到的美，有形态的美、自然的美以及文化层面的美。

王羲之在《兰亭序》里说：“仰观宇宙之大，俯察品类之盛，所以游目骋怀，足以极视听之娱，信可乐也。”现代中国美学史上泰山北斗式人物宗白华先生认为这是东晋大书法家在寻找美的踪迹，王羲之的书法传达了自然的美和精神的美。[43]

对城市和城市中的公共空间而言，形态美固然重要，是人们可以直观感受到的，然而自然美、精神美则更能展现城市内在和持久的魅力。位于拙政园边上的苏

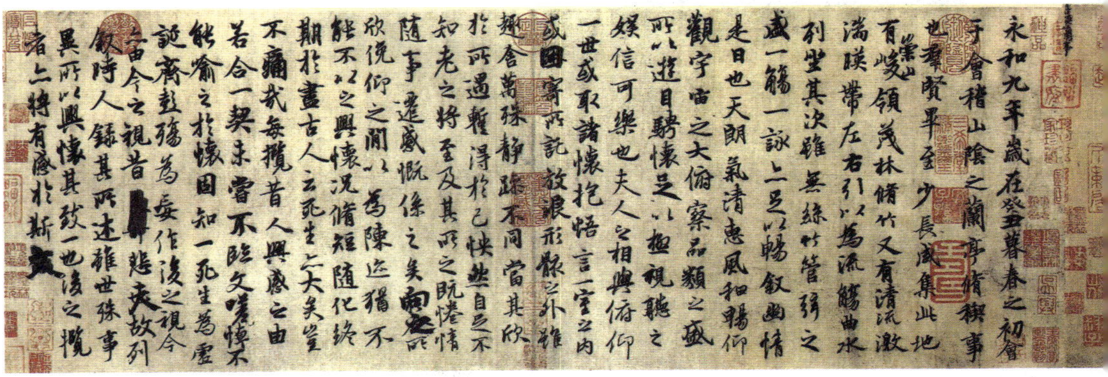

与颜真卿《祭侄季明文稿》、苏轼《寒食帖》并称三大行书的《兰亭序》记叙了当时山水之美和聚会的欢乐之情。

州博物馆新馆由贝聿铭先生设计，贝聿铭先生善于把中国古代传统的建筑艺术和现代最新技术熔于一炉，追求建筑与艺术的和谐统一。其设计的苏州博物馆中庭院的灵感就来源于北宋书画家米芾的《春山瑞松图》，是文化传承与创新的典范，很好地将自然美与精神美融为了一体。

城市公共空间作为城市重要的有机组成部分，与城市有着不可分割的重要联系，除了使用价值之外，它也需具备内在和外在的美。公共空间之所以重要，是因为城市公共空间是人类交流、体会城市生活的重要场所，是人们共同价值观、审美观和生活习俗的聚集平台。公共空间的形象展示、活力大小、文化特征等都是城市居民及外来游客体会城市的最直接的场所。城市街道的活力、公园景色的美丽、广场对城市文化的展示，都能让人体会到一个城市的外在与内在的美，从而对城市的总体感受留下深刻印象。正是因为城市公共空间的开放性和展示性，人们才有机会体会城市的文化与艺术，了解城市的美。

城市公共空间使文化艺术有了更集中向人展示的机会，不仅激活了城市文化艺术的创造力，活跃了城市空间和居民生活。同时，也使得更多的人在精神层面的追求上得到了满足和提升。许许多多成功的城市公共空间还成为了当地城市独有

贝聿铭先生善于把古代传统的建筑艺术和现代最新技术熔于一炉，追求建筑与艺术的和谐统一。其设计的苏州博物馆中庭院的灵感就来源于北宋书画家米芾的《春山瑞松图》，是文化传承与创新的典范。

的城市名片和活力中心，为提高城市生活品质和营造城市个性起到了推波助澜的效果。

苏州博物馆内这棵嫁接于文衡山先生手植藤的紫藤，不仅嫁接了文化，也传承了历史，并将诞生出新的文明。

除了前面提到的奥地利布雷根茨艺术节外，还有奥地利的萨尔斯堡音乐节、爱丁堡国际艺术节、杭州世界休闲博览会，等等，这些都是城市与文化艺术结合的成功范例。

作为欧洲最优雅城市之一的爱丁堡，苏格兰人只为艺术节而存在的天性，让整个爱丁堡在艺术节期间成为一个艺术的海洋，整个城市的气质和气氛会变得沸腾不已。外地的游客也会慕名而来，如要去参与艺术节，需要提前两个月预订住处和演出票。爱丁堡艺术节的最大魅力在于其开放性与公共性，光每年的外围演出就超过1600场。剧场、影院、大小广场、街头空间，甚至餐馆、停车场等各种公共空间都有表演，从古典音乐、话剧、歌剧、舞蹈到视觉艺术作品，从前卫艺术到传统杂耍，应有尽有，整座城市的每个细胞都充盈着表演氛围。

这个起源于二战后（1947年）的爱丁堡国际艺术节为爱丁堡市带来了非常可观的经济收益，并且创造了大量的工作机会，在提升文化艺术水平的同时也带动经济的增长。

每四年一届的杭州世界休闲博览会围绕“休闲”，充分展示当今时尚的休闲概念和休闲产业。“休博会”期间，还将举办烟花节、国际休闲狂欢节、大型舞台演艺、国际音乐会、啤酒节等各项大型文化、体育、音乐、美食等休闲特色活动项目。同爱丁堡艺术节期间的状况一样，大大小小的酒店、旅社全部爆满，当年杭州为了解决游客住宿的难题，甚至鼓励有空余房间的市民家庭开放家庭旅馆。目前，“休博会”已成为杭州近年来主打的一个城市品牌，在极大的丰富了当地市民生活的同时，也给杭州带来了可持续的文化与艺术价值。

类似的例子还有很多，如Hatch Shell就是位于美国波士顿查尔斯河畔最具人气的露天表演场地。每年夏天，波士顿的市民都会来到这里观看各种类型的表演。虽说波士顿夏天的音乐和表演活动到处都有，但人们最喜欢的还是查尔斯河畔的Hatch Shell，波士顿大约80%以上的演出都在这里举行。你可以想象一下，面对着美丽的查尔斯河，或感受音乐、或欣赏舞蹈、或聆听演奏、或观看演出与电影，每年的夏天都“夜夜笙歌”，让人不得不羡慕波士顿人的这项传统的“全民运动”。

由此可以看出，独特而充满魅力的城市公共空间不仅能提升城市形象，营造城市品牌，更为重要的是，满足了城市居民对于文化、艺术、精神的追求与交流，城市公共空间当之无愧地成为了城市精神生活的重要物质载体，文化艺术在这片沃土中茁壮地成长。

**1.绽放了一个世纪的睡莲——莫奈花园**

用文化和艺术来包装一个城市，法国人显然是最擅长的。被列入联合国教科文组织“世界遗产”名单的法国南部城市阿尔勒（Arles）就是一个充满文化和艺术的地方，这个普罗旺斯地区的历史古城汇集了众多的建筑和艺术瑰宝。最为让人熟知的莫过于文森特·威廉·梵·高（Vincent Willem Van Gogh）了，他的那幅惊世骇俗的大作——《梵·高在阿尔勒的房间》（*Van Gogh's Room at Arles*），就是在阿尔勒的出租房里完成的，另一位法国后期印象派三大巨匠之一的保罗·高更（P. Gauguin，1848—1903年）也曾在这个房间生活过。现在阿尔勒到处都能看到梵·高的作品，梵·高俨然已成为阿尔勒的城市名片了。

如果说阿尔勒除了梵·高之外，其自身也还拥有悠久的历史和文化底蕴，那么吉维尼（Giverny）则就全是因为那位把“所有的钱都花在了花园里”的莫奈了。

“乡村是那么的美，我忍不住写信给你，要你来看看此时美丽的花园。”莫奈在写给吉弗鲁的信中这样说道。这位法国印象派代表人物在他晚年的时候，告别了繁华喧嚣的巴黎，来到吉维尼这个塞纳河畔的小村子，并亲手建造了他的花园。

莫奈《睡莲》。

莫奈故居是个很美丽的绿色房子，在这里可以找到很多莫奈作品中的场景，每天吸引着来自世界各地的游客。莫奈花园很大，除了房子前面的大花园，还有一条小溪、一个池塘和那著名的日本桥。他就是在这里度过了人生中最重要的一段时期，并创作出了举世瞩目的杰作《睡莲》系列。

整个花园随意地种满了各种季节的鲜花和植物，樱花、紫罗兰、玫瑰、蔷薇、大丽花、向日葵、郁金香等，还有很多叫不出名的，各种颜色都有。走在花园里，仿佛置身于莫奈的画作之中。最为吸引人的莫过于最为著名的睡莲池和日本桥了，桥的两边有数棵垂柳，池中的睡莲，红的、白的、紫的，各种颜色都有，水面在阳光照射下闪烁着光影。想象晚年的莫奈把画架支在池塘边，感受心灵与自然的交融，在画布上捕捉花与水在光影中稍纵即逝的瞬间，不禁让人感到艺术的魅力和伟大。

自1883年莫奈搬到吉维尼以来，已过去一个多世纪，花园中的睡莲依旧绽放，也为这个只有1000多人的小村带来大量来自世界各地的游客。莫奈说："花园是我最美的作品。"在他的心中有两座花园，一座在他的画中，一座在吉维尼。

**2. 西湖申遗：十年之约，千年之梦**

2011年6月24日，在法国巴黎举行的联合国教科文组织第35届世界遗产委员会会议作出决定，正式将中国申报的文化遗产杭州西湖文化景观列入世界遗产名录。世界遗产委员会认为杭州西湖文化景观是文化景观的一个杰出典范，它极为清晰地展现了中国景观的美学思想，在景观营造的文化传统中，西湖是对天人合一这一理想境界的最佳阐释。

西湖之美，让无数的文人墨客流连忘返，清朝诗人王纬的《泛舟西泠桥》就是其中一首描写西湖融合自然与文化景观的稀世之美的诗。

明湖里外一桥通，风景由来各不同。
游舫西村春色静，幽林北苑画图工。
苏家弱柳犹含媚，岳墓乔松亦抱忠。
赢得清香争扑鼻，藕花白白复红红。

"杭州之有西湖，如人之有眉目，盖不可废也。"苏东坡在他的《乞开杭州西湖状》中这样写道，这句话巧妙地概括了西湖对于杭州的重要性。一句简短而有力的"盖不可废也"让我们在做西湖申遗工作时深深感到肩上所承担的重任和历史使命，略感欣慰的是，西湖申遗的成功没有辜负这位"西湖太守"的千年之梦。然而，东坡先生的期许和愿望还需我们一代一代继续传承下去。

西湖断桥有着美丽的传说。

杭州自古就是一个"诗画一体"的城市，古人作

如诗如画的西湖，让无数的文人墨客流连忘返。

西湖一角。

画常计白以当黑，西湖就是这幅画中的“白”，周边的城市是黑，如何处理好“黑白”之间的关系是杭州城市艺术与美学中需要着重研究的层面。

杭州是一个三面环山一面湖的城市，其中的西湖，更是与杭州城的形成、发展有着千丝万缕的联系。西湖申遗的成功便是中国城市对当地城市文化、自然、艺术和美学的最好见证。让更多的人了解和认识了西湖的美，也让世人了解到了城市艺术和美学对人类生活的重要意义。西湖申遗过程不仅向世人展示了断桥残雪、三潭印月、雷峰夕照等西湖十景。同时，在西湖及其周边环境规划中，也保护了“三面云一面城”的传统格局，注重景观空间的虚实关系，对周边的建筑、人工环境等，都做了明确的限定。保护西湖同城市相融，是景观和谐统

鸟瞰西湖。

一的重要保证，实现了自然环境和人工环境的和谐统一。

同时，在2001年启动的伴随着西湖十余年申遗之路的西湖综合保护工程，更成为了杭州建城史上规模最大、时间跨度最大的西湖保护工程，包含了对违章建筑拆除、水质改善、引水活水等浩大的过程，无疑为西湖的生态保护和环境改善带来了巨大的保障，为市民和游客营造出了风景秀丽的西湖风光和城市美景。

西湖申遗的过程重新唤起了现代人"寄情于山水"的思想观念，也强调了西湖美景自古以来便是中国古典文学、绘画等传统文化内涵的重要载体。它向人们传递的人文美学价值体现在：西湖的出现是中国传统"天人合一"哲学思想的一种实践，西湖的美以儒家"致中和"的思想为标准，阴柔美与阳刚美相结合的一种和谐、精致、端庄的俊秀之美。在研究西湖具有作为"中国传统美学的实证和范例"的定位的基础上，运用现代手法，努力地打造出了理想的城市天际轮廓线，同时向人们展示了中国传统的审美与现代审美相结合的成功案例，是自然景观与人文景观的巧妙结合。

西湖申遗成功所带来的不仅是西湖及杭州生态环境的优化，更为市民营造自

西湖是中国山水美学景观设计的经典作品。

然与人工环境和谐统一的城市风光，以及向世人展示中国传统文化内涵与价值观。杭州市在西湖申遗成功后，更是制定了“还湖于民”、“门票不涨价”、“博物馆不收费”、“土地不出让”、“文物不破坏”、“公共资源不侵占”的“六个不”政策，最大程度地体现了西湖作为城市重要公共空间所具备的“开放交流”的核心价值，促进和鼓励了城市居民的公共交流，为营造具有活力的城市公共空间，起到了催化剂的作用，使得城市居民的生活变得积极、乐观。公共空间对城市艺术和文化的价值也实实在在贯穿于西湖申遗过程的始末，得到了充分的肯定。

ICOMOS（国际古迹遗址理事会）技术评估团对西湖的评价是：“它是中国历代文化精英秉承‘天人合一’哲理，在深厚的中国古典文学、绘画美学、造园艺术和技巧传统背景下，持续性创造的中国山水美学景观设计经典作品，展现了东方景观设计自南宋（13世纪）以来讲求诗情画意的艺术风格，在19世纪至20世纪世界景观设计史和东方文化交流史上拥有杰出、重要的地位和持久、广泛的影响。它在10个

西湖秋景。

鸟瞰西湖一角。

西湖冬景。

多世纪的持续演变中日臻完善，并真实、完整地保存至今，未有大的变换，成为景观元素特别丰富、设计手法极为独特、历史发展特别悠久、文化含量特别厚重的‘东方文化名湖’。”

## 二、城市更新与复兴——匠氏运心灵

New is old新城也会变成旧城。

“文明是一种运动，而不是一种状态，是航行而不是停泊。”[44]英国史学家阿诺德·约瑟夫·汤因比（Arnold Joseph Toynbee）在他的巨著《历史研究》一书中认为，文明的发展没有尽头，没有人知道文明是否已经达到了文明的目的地。文明是在不断的“挑战—反应”中产生、繁荣、衰落、解体的。[45]城市也一样，今天的城市无疑充当着文明的运动载体，在不断的前行、改变和演变。城市从来就不是静止的，永远处于一种动态的过程中，这种动态的过程将会根据新的情况进行调整与被调整。

随着时间的推进，现在的新城区也会变成老城区，城市在演变的过程中，每个时代都留下其特有的时代印迹。城市也就在这种更新与衰退中不断的演变和前行，然而从城市的意义上来说，它只不过是人类生活与居住的场所而已，城市的本意也就是营造一个适合人类居住的环境。在这个更替演进的历史过程中，很多区域都将会慢慢地出现衰退和没落，包括现在所谓的城市新区。从中国摩天大楼的高度竞争上就可窥见一斑，昨日上海最高的东方明珠早已被金茂大厦、上海环球金融中心轮番超越，而随着上海中心的建设，492米的上海环球金融中心也将成为历史。

中国城市的新区建设也在上演着这样的新旧轮换。这使得城市的更新和复兴在城市规划与设计中是必须面临的一个课题。如果专门对此领域进行研究的话，会

上海浦东，这个曾经的新区，如今已是中国高楼大厦最为密集的地方。

发现这不仅仅是城市规划层面需要考虑的问题,更多的是社会学和经济学层面的问题。第二次世界大战后,西方城市的快速发展,已经使得城市各种问题凸显得越发明显,城市更新和复兴的理念也成为城市设计过程中重要考虑的方面。中国经过30年的城市化快速发展,在当前及未来的几年中,也必将面临着越来越多的城市更新问题。纵观当前我们对待城市的态度和处理方式,不禁让人欷歔。暴力拆迁、野蛮施工等频频见诸报纸、微博、电视等各种媒体。显然,城市问题已不仅局限于城市本身层面了,早已成为社会问题了。

好在城市规划行业已经意识到这些问题,并试图为在这方面做出些改变而努力。2011年在南京召开的中国城市规划年会的主题是"转型与重构",从某一个侧面正说明了我们正希望去用一种更加长远和可持续发展的眼光来对待我们的城市。而早在2002年10月,在英国伯明翰召开的英国城市峰会,会议总结了始于2001年的英国城镇合作复兴项目,这个由来自英国各个专业及领域的人员共同协作、复兴城市经济及环境的综合实践项目,其主题和口号便是"城市复兴、再生和持续发展"。委员会相信:只有环境、社会及经济联合起来共同发展,才能拼合起成功有效的可持续城市复兴的发展模型,从根本上解决社区衰落的现象,保证社区生活品质持续的增长。峰会所提出的目标是使将来占英国人口80%的城市居民通过可持续的城市复兴规划和实践,真正享受到社会和经济共同繁荣的未来城市生活。

哈佛大学教授迈克尔·桑德尔(Michael J. Sandel)认为:"GDP并不能使生活变得富有意义,GDP的增长不包括诗歌之美、孩子的健康与玩耍的乐趣,无关公共争论的智慧以及官员的正直,不衡量勇气、怜悯和忠诚。"在这个唯GDP为首要目标的年代,又有多少人能理解这位因其生动有趣的讲课方式和内容而风靡全球的哈佛大学教授的话呢? 我们应该更多关注GDP之外的城市。从城市产生的本义来看城市就是为人类提供更好生活空间的场所。一个绿色的城市,一个包容的城市,一个有故事的城市才是有魅力和活力的。

城市的更新和复兴,是一个很广的话题,是可以重点去研究的。在这里,我希望探讨的是城市中那些失落的场所和空间的更新和复兴,这些人们曾经每天使用的现在却被遗忘的空间也往往被称之为城市的棕地或灰地。

棕地或灰地的概念，在西方国家已经被广泛地关注与运用。棕地，指的是城市中已经被废弃或者将要被废弃的用地，通常为带有污染的重工业用地。灰地则是说，在城市中，由于各种原因未被开发利用的商业、居住用地或者是没落了的商业区、工业区、居住区。中国城市中，也存在着大量的灰地和棕地——年代久远、接近荒废的工业单位，开发商所囤积的未开发用地和地块与地块之间没有地产开发价值的荒地。这些土地，现在是影响城市生活质量的失落空间，同时也是城市中宝贵的资源。在土地的稀缺背景下，这些大面积的棕地、灰地可以改造为城市中大型的公共开放空间，完善城市开放空间结构。在这方面，已经有一些成功的经验。如西雅图油库公园、纽约的高线公园、上海的8号桥创意园、上海的新天地、北京的798艺术区、中山岐江公园、德国的鲁尔工业区，等等。

其实，棕地、灰地改造的实质就是“废物利用”。废物利用在我国自古就有，早在清乾隆年间，玉器因受到皇上的宠幸而进入全盛时代，玉琢水准极高，玉材用量极大。某日宫中得一和田美玉，匠师将其中质量最佳处剖出并雕琢成碗，余料材质一般，因此打算丢弃。有一苏州工匠觉得扔掉甚是可惜，于是就利用残料雕成了“桐荫仕女图”玉饰。这是一件表现江南庭院景色的作品，玉匠利用所剩玉料的边缘琢制成桐荫蕉叶、太湖垒石。而最巧夺天工之处就是玉料中间被剖取后的凹陷处

北京798艺术区，已成为有世界影响力的艺术街区。

上海8号桥创意园区，展现着历史与现代赋予它的独特魅力。

上海8号桥创意园区，犹如一个自由飞翔的平台。

新天地修旧如旧，已成为上海的新地标。

因势制宜地雕刻出两扇半月形扉门，半掩半开，内外各有一少女，二人隔门相望。乾隆皇帝见此玉饰龙颜大喜，深以为然，将其誉同春秋和氏璧。

**1. 历史和未来的复兴——纽约高线公园**

本是琢碗剩下的残料经匠师雕琢竟变废为宝，如今纽约再现废物利用之妙，却是用在了城市规划上。2010年度的ASLA（美国景观设计协会）专业设计奖将综合类设计荣誉奖颁给了纽约高线公园（High Line, New York），表彰其将保护与创新相结合，促进了生态发展并带动了经济与文化。纽约高线公园现在已成为一个全新的纽约时尚领地。方案在已废弃的工程结构上展现自然绿地，使这里充满现代感，又带有历史性和自然性，是个具有未来空间概念的主题公园，是纽约近年来最令人振奋人心的公共空间。

贯穿23大街区，离地面25英尺，始建于20世纪30年代，周边是密集的建筑和人口，高线，注定要像英雄般活着，否则人们一定希望它早点死去。作为纽约联系各个

纽约高线公园已成为一个全新的纽约时尚领地。

工业的货运交通生命线，它辉煌了50年；紧跟着是自20世纪80年代30余年的堕落，成为犯罪密集的荒废地；2009年至今，高线被改造为空中公园，在纽约市民心中上演了王者归来。走在高线公园，它在告诉你纽约的历史，也在告诉你纽约的未来。更为重要的是，它为纽约城市的复兴注入了新的活力，就如同毕尔巴鄂古根海姆博物馆和布雷根茨艺术节给城市带来的改变一样，其对于城市的意义已远远超出作为公园本身的含义，而是一种文化、艺术、生活与城市的多赢，当然最后的“胜利者”一定是城市中使用它们的居民。

高线公园的落成可谓广开言路，一时间引来无数追随者。美国诸多城市如泽西城、费城、底特律、芝加哥等都希望更张易调而旧瓶新酒。高线前身为连接肉类加工厂和西三十四街的哈德逊港口的货运铁路专线，始建于1934年。随着城市的扩张以及交通的发展，它的作用日益消减，1980年感恩节前夕，它载着满车的冰冻火鸡完成了最后使命。此后近30年的荒废中，它几经面临被拆除的威胁。

公园仿若一条碧绿的丝带，蜿蜒地蛇形在老工业区的城市建筑之间。

这样一条锈迹斑斑的废弃高架铁路如今摇身一变成为人人都交口称赞的空中公园。在离地面25英尺的空中欣赏风景，城市万象近在咫尺，远处风景尽收眼底。任凭地面上汽笛轰鸣人流熙攘，游人仍可凭空悠然坐看阳光普照的哈德逊河，或无碍穿梭于林立高耸的新旧建筑之间，感觉甚是奇妙。

高线公园全长1.5英里，从甘西沃特街到西三十四街，共分为三段，以西二十街和西三十街为界，纵贯第十大道。第一段已于2009年对外开放，延伸超过九个街区。第二段也于2011年春天开放，将公园又扩展了10个街区。最终整条高新铁路将被完全改造成公园，直通“哈德逊庭院”，形成全新的哈德逊河畔城市公共空间景观。

然而促成这一切的并非专业的规划师，而是实实在在的草根组织——高线之友（Friends of High Line）。在1999年决定高线命运的社区集会上，两个青年人罗伯特·哈蒙德（Robert Hammond）与约书亚·大卫（Joshua David）因对高线的喜爱而达成拯救高线的共识。当他们登上荒废的高线时，眼前看到的是丛生于铁轨上的野草地。虽然没有专业知识的背景，但是直觉告诉他们，在保留原有架构的基础上，完全可以开创一片新的开放空间。而此前巴黎绿荫步道公园（位于巴士底广场由一条废弃铁路线改造而成）的成功更是大大坚定了二人的信念。

高线公园的成功还多亏了它的设计者们，Field Operations和Diller Scofidil + Renfro 设计公司。设计师们充分利用了这一“废物”，始终尊重它本身的特性，在美化景观与保留工业感之间达到平衡。生锈多年的铁轨变成铺路的材料和景观装饰，在上面备有带轮子的木质躺椅，供人们随时调整晒日光浴的方向。据说长椅十分抢手，曾经创下空闲不超过15秒的纪录。自生自长的野花野草非但没被连根拔起，反而任其自然生长，同时引入一些本土植被，形成新老植物混合交替的奇景。除此之外，最特别的当属其广阔视角带来的视觉冲击力。在这个地方能同时看到弗兰克·盖

高线公园，在给人浓重历史感的同时，还不乏现代和自然气息。

里(Frank Gehry)、让·努维尔(Jean Nouvel)、尼尔·德纳瑞(Neil Denari)以及阪茂(Shigeru Ban)这些建筑大师的作品，以及连纽约人一向都希见稀遇的明朗星空。

创办者与设计师的另一考虑则与目前国内的很多设计理念背道而驰，即让公园真正本土化、纽约化，让纽约人可以享受其中，而非成为仅仅吸引外地人的旅游景点。通过一系列的为当地人量身设计的主题策划，例如夜观星象、亲子教育、文艺表演、艺术展示等，自开园以来一年半的时间内已吸引300万的参观者，同时为附近地区的商业、地产、文化产业等带来丰厚的利润，激活了沿线的经济。

**2. 芝加哥布卢明代尔空中花园**

在美国，纽约高线公园并非一枝独秀，另有同气连枝者如芝加哥布卢明代尔空中花园(Bloomingdale Trail)。布卢明代尔铁路线自20世纪80年代废弃以来，一向墟散瓦解、丛生杂草，常年遍地狼藉、满目荆榛。如今芝加哥当局决定仿效纽约高线公园，也想“变废为宝”把废弃的布卢明代尔铁路线变成公园。该项目由民间非营利机构布卢明代尔之友(Friends of the Bloomingdale Trail，FBT)以及城市和公共土地信托机构(City and The Trust for Public Land)共同来监督操作。

该项目由金斯勒(Gensler)设计事务所与4240建筑所联合设计打造的，这个翻新布卢明代尔铁路线的方案是把铁路线周围经年废弃的部分加以改造，而使其对整个城市以及附近的芝加哥学校有益有用。他们提出了氢气发电方案，就是使用铁路线底下的旧管道来生成氢气。氢气作为能源供给附近的学校，而且额外的氢气将被售出，用来替代整个线路上的燃料车。这将为芝加哥公立学校提供更廉价的燃料，此外氢气的公开出售也将获得相当的利润，这些收入利润可以用来补贴周边各个学校的水电费，同时扭转学校的预算短缺。在这个废旧铁路线的顶端，将会建造一个温室，用以种植有机农产品，并且在邻近铁路线上的市场上出售。该项目的另外一个益处是可以在生成氢气的同时提供新鲜的氧气，这些新鲜的氧气会回到空气中改善当地的空气质量。

芝加哥将废弃的布卢明代尔铁路线变成空中花园，并非只是将其简单地处理成一个仅供游人赏玩的去处，而是延展了公园的潜力，为其配置了温室和氢气发电设施，为社区提供了有机产品和绿色能源。此举不仅为公园增加了潜在价值，无疑也为城市发展规划提供了新的思维方向。

### 3. 后工业景观的典范——西雅图油库公园

美剧《老友记》(*Friends*)曾连播十年,不仅在美利坚本土家喻户晓,在中国也是广为人知,但是却鲜有人知的是,此剧脱胎于20年前的一部美国影片《单身一族》(*Singles*,1992)。《老友记》的背景设置在纽约,而《单身一族》的故事发生在西雅图,讲述的是几个摇滚乐手的激扬情怀和浪漫故事。影片主演马特·狄龙(Matt Dillon)和布里吉特·方达(Bridget Fonda)名噪当时,而导演卡梅伦·克罗(Cameron Crowe)至今仍名满天下,此君擅将音乐与电影结合,在此片中更是将珍珠果酱(Pearl Jam)、被缚的爱丽丝(Alice In Chains)和声音之园(Soundgarden)等摇滚乐队成员纳入麾下,令行客串并谱唱歌谣,尽显西雅图垃圾摇滚(Grunge Rock)当时之盛,影片也因此得其所哉,享誉一时。片中故事的主要依存环境是西雅图的一处名园,该园同时也是摇滚乐手们常自逡巡流连的所在,这就是久负盛名的西雅图油库公园(Gas Works Park)。

1966年的历史照片显示了整个工业区在城市中的荒废。

在荒废的工业用地上,海格设计了第一个工业遗址公园,这个区域又重新成为城市生活的一部分。

所谓"油库公园",名尽其义:该公园由一座废弃的油库改建而成。该油库地处西雅图联合湖（Lake Union）的北端，占地面积8公顷，曾因能源的焦点从原油变为天然气而一时兴又一时废。兴废之后事涉存亡，1969年西雅图市政厅欲在油库所在地建造公园因而求道问贤，设计师理查德·海格（Richard Haag）临机受命，负此重任为该地作规划设计。此地油库连年污泥浊油、沸声聒噪，周围居民早已烦天恼地、怨声载道，人心所向的大势本是必欲除之而后快，但是理查德·海格综观地貌、察知水土，却决定保留其原有厂房设施，将污染严重的"垃圾岛"变莠为良，加以维修改造，使之成为风格别致的标志建筑和游乐空间。为了说服民众和政府，理查德·海格前后穷尽三载之功，其间以画传意、以言动人，加之以时尚、晓之以利害，不断宣扬"与其想不切实际的改变历史，不如记住历史的教训"，并曾遍历欧洲寻找相类的先例，最后终于得乎众望事遂功成。

在执行规划之前，理查德·海格做了大量实验以探测土壤的可用性，证明了该处土壤具有趋利避害的特性，此举为规划的施行奠定了基础。该规划首先移除废弃的油管和机器设备，然后利用生物植物修复技术净化水土、绿化植被，并针对整个区域地形施以再造，挖土镂地成湖泽，堆石积沙立丘山，由此污油垢地便有了山水之秀；同时修复再建可利用的构架，将矗立于沿湖斜坡上的巨大油塔内部修缮一新，变为演示油厂运作的展厅；在油塔顶部设有眺望台，其上配置望远镜供游人极目四望；在区域东北角新建若干谷仓形建筑，仓内用以堆放废弃的机器设备，建筑四周配有大片野营用地；区域西北部垒有一个高达15米的山丘，理查德·海格特意在其顶部设计了一个巨型日晷，游人可立身其上，据影知时；山丘将其后方的草坪空间和由油塔及仓形建筑形成的建筑空间分割开来，成就出一块与工业时代壁垒分明的"出世净土"，此处与山丘后面的草坪和沿湖的斜坡都是游人休憩的理想

如今的油库公园已成为西雅图市民享受日光浴的场所。

理查德·海格（Richard Haag）

场所。整个公园合理利用油塔、输油管架和其他工业垃圾，将各式压缩机和蒸汽管安排得参差错落、高低有致并赋予不同色彩，远远望去仿佛一幅法国立体主义画家费尔南德·莱热（Fernand Leger）的巨幅画作。值得一提的是，对于该区域草坪的维护，理查德·海格的见地颇为不同，他提倡一种和谐并置的设计理念，认为不该进行频繁的修剪护理，而是应保留草地的自然和粗糙来真正体现人和自然的各自作用。

油库公园最终获得了美国景观建筑师协会最高设计奖，作为现代景观建筑设计史上的经典作品之一，该设计反映出理查德·海格对自然环境的热爱、敏感以及对现状基地和原生资源的合理利用，并以其宣扬的历史、审美及实用价值而彪炳于世。

理查德·海格不仅是一个“匠氏运心灵”的高手，他还曾在1942年作为一名飞虎队成员在空中帮助中国人民打击日本侵略者。这位被公认为现代景观建筑百年历史最具影响力之一的景观建筑师在60年后的2002年，曾再次踏上了中国的土地，为北京2008奥林匹克公园景观设计出谋划策。

**4. 老建筑，新上海——新天地**

“废物利用”的巧妙之处在于变废为宝。残剩玉料若雕琢不精弃之无碍，而在城市中若改造得当即为点睛之笔，若改造不当恐为烧钱败笔，“废物”就真应了废物之名。

新天地无疑是国内旧城改造成功案例中的佼佼者，落足上海十余载，从它获得的一系列奖项，我们就可以看到它的影响力。2002年末美国建筑师协会颁发的“文化遗产建筑奖”；2003年末地产界权威组织城市土地组织（ULI）颁发的最优作品奖；2004年末文化部颁发的“国家文化产业示范基地奖”……

新天地的前身是占地3万平方米的老上海石库门居住区。它的历史将近一个世纪，有着深深的历史烙印。同样让人印象深刻的是建筑陈旧、人口结构单一化，缺

新天地是夜上海最值得一去的场所。

乏在繁华区域中作为核心地块的发展动力。直到20世纪末21世纪初，开发者提出要将它改造成充满生命力的休闲娱乐地块，石库门才找到真正适合它在新世纪立足的身份。

高薪聘请来的美国旧城改造专家建筑师本杰明·伍德（Benjamin Wood）先生并没有令人失望，他在中国的土地上立身扬名，再一次证明了自己的思想，即在传统文化建筑和现代建筑理念中找寻最佳的契合点。在踏入上海的第一天，在看到新天地的第一眼，眼前虽是污泥浊水、拥挤不堪，但在他心中已笃定未来，这个中西传统式样建筑相结合的小天地必将混搭成象征东西方社会文

当年的陋室窄巷，已成为小资天堂、上海名片、旅游目的地和中国最成功的商业地产典范。

位于太平桥的中国共产党的一大会址。

化交会的艺术精品。

改建后的新天地分为南里和北里两个部分。以现代建筑为主的南里，坐落着一座总面积25000平方米的休闲购物商业中心，玻璃幕墙的材质让这里现代感十足，世界各国的餐饮和游人在这里和石库门形成强烈的对比，让这里如同梦境；而在北里，主要是保存下来并修复的老石库门建筑。

新天地的规划不仅让原来的灰色用地焕发了活力，还开辟了一些新的公共空间。如上太平桥公园绿地的建设，为城市提供了4.4万平方米的休憩空间，这类空间在寸土寸金的上海市中心是非常宝贵的。景色优美的人工湖与新天地广场的石库门海派建筑相得益彰，成为了时代新地标，甚至成了许多城市开发灰地的模板。

另外，与上海新天地仅一步之遥的8号桥创意产业园也是值得一提的。8号桥之所以叫“8号桥”，是因为它坐落于建国中路8号。曾经，这里是旧属法租界的一片旧厂房，设计者对原有的工业厂房进行了保留，通过改造保留了工业文明时代的沧桑感，又体现了现代都市的时尚和休闲。最为难能可贵的是，改造方案中预留了很多公共和半公共开放空间，有屋顶花园、二层休闲平台、休闲后街等，为在此工作的

8号桥创意产业园打破封闭实现连通，本身就是一个时尚且智慧的创意。

一点绿化也会翻出一点花头。

不同人群提供了很好的交流场所和共享空间。如今，这里会聚了海内外众多著名的建筑设计、服装设计、影视制作、公关媒体等公司，已成为顶级品牌展示和信息发布的平台，被认为是“上海时尚创意中心”。

无论是理查德·海格的西雅图油库公园、本杰明·伍德的上海新天地，还是纽约的高线公园，这些项目在设计中对创意和人性化的注重展现了他们对待城市的一种价值观和态度，此举堪比古时的琢玉匠氏。乾隆皇帝曾为“桐荫仕女图”玉饰铃印题诗曰：“相材取碗料，就质琢图形。剩水残山境，桐荫蕉轴庭。女郎相顾问，匠氏运心灵。义重无弃物，赢他泣楚廷。”古人匠心独运，今人却匠心不古。当我们对这些项目的设计啧啧称羡之余，更应反思自己对城市规划的态度，这种态度就是“匠氏运心灵”。

**扬州信息产业园**（Information industry park, Yangzhou）——平坦的世界，多维的景观

江苏扬州信息服务产业基地位于广陵新城，是国内唯一专业定位于呼叫数据服务的产业基地。设计基于“信息无限，运动不息”的理念，从辛劳工作到逸游生活，从休闲娱乐到运动健身，从科学技术到人文自然，从信息的无类无限道庭园的有色有声，在这个平坦的世界里以多重视角造就了如此多维的景观。

扬州信息服务产业园内以年轻女性为主，以提高多元体会及切实关怀为主旨，拟创造一个寓情趣与胜景、寄工作于生活的多维环境。

# 第五节　密度与尺度

## 一、美女与火炉

爱因斯坦这样形容过相对论："一个男人与一个美女对坐一小时，会觉得似乎只过了一分钟；但如果让他和一座火炉对坐上一分钟，却会觉得似乎过了不止一个小时。这就是相对论。"我们的城市空间也有它的相对论，也有它的美女与火炉。

在《流动的图像》（*Image in Motion*）一书中，作者做过这样一个的实验，在不同城市开放空间中选取400米的路程，让参与者在其间步行，然后询问参与者，在这段路程中认为自己花费了多少时间。人们的答案非常有趣，在纽约、华盛顿、旧金山等现代的城市大道和购物中心的行人认为自己用了两分钟左右的时间，而在威尼斯、巴黎、伦敦和京都等传统街道、街区及广场的行人，则认为自己花了六到八分钟时间。而事实上，他们行走完这段距离，基本都用了四分钟左右。在那些现代大尺度的城市空间中，非人性的空间尺度、缺乏细部的建筑、缺少生活的氛围，让人觉得就像火炉一般，无所留恋。与之相反的是，游走在那些传统的小尺度城市空间中，人们就像欣赏美女一样，体会着建筑的美感、沉浸在活力的氛围中、试图去感知城市。对于时间的感觉，就比真实长远得多，因为他们对城市的认识和对空间的向往要多得多。与火炉在一起，步行只是步行，希望尽快地到达目的地。与美女在一起，步行不只是步行，希望更多地欣赏城市的美丽。

## 二、高密度之城

密度对于城市，有着什么样的关系？这是几个世纪以来，许多人都思考过的问题。塞缪尔·约翰逊（Samuel Johnson）曾说过："人群，如果过于稀疏，会带来一些

密度，成为城市建设的一个指针。

变化，但那不是好的变化，不会产生什么东西……只有人群集中在一起时才会产生便利的价值。”[46]就像《紧缩城市》所倡导的那样，城市需要在一定人口密度的支撑下，才能对资源有效利用，达到可持续发展，防止城市无序蔓延。尤其在中国，虽然我们是全世界国土面积第三的国家，但是我们拥有13亿人口，可利用的土地比较有限，土地是相当稀缺的资源。在高城市人口总量的背景下，如果像美国、加拿大等国家一样，采用低密度的方式建设城市，土地资源将迅速枯竭，公共服务设施等资源也无法有效分配。只有用紧凑的方式、高密度的方式才能解决当前中国城市建设的难题。同时，紧凑的城市也可以为城市公共生活提供人气支撑，提高生活质量，伦敦和哥本哈根就是很好的例子。

可以说，中国城市中从来不缺人，也不缺少人口密度，可以达到紧凑高效城市的要求，但是，为什么我们没有感到我们的城市生活是高质量的呢？其中一个原因是，我们高密度的人口，超出了有限城市公共空间可承受之重，导致城市公共空间拥挤。拥挤，成为了很多城市面临的主要问题，目前最为凸显的就是交通的拥挤。同样，城市公共空间的拥挤也是我们城市面临的一大难题，只是还未被大家所重视和关注罢了。大多数亚洲城市，包括中国城市，除了被西化的地区，都是普遍拥挤的，

中国人口众多，可利用土地稀缺，低密度的城市开发模式并不适合中国。

适度的高密度城市才是解决中国人口和土地矛盾之道。

缺乏类似西方的广场或公园等集中的城市开放空间。[47]偶尔有一两处大型的城市开放空间，在设计之初就没有考虑市民生活的需求，排斥公众的使用。城市公共空间的缺失，是当前城市的一个重要问题。同时，伴随着土地“私有化”的浪潮，无论是老城区还是城市新区，越来越多的土地被私人占有，排斥了公众的使用，城市公共空间无法成为一个连续的系统。

## 三、双尺度之城

### 1. 人的尺度和车的尺度

现代城市中，人流、物流、信息流都在快速地运动。汽车以其速度取代了马车，成为城市的主要交通工具。城市进入了汽车时代后，很多城市元素都变成了大尺度的。宽阔的道路，巨型广场和公园，高入云霄而缺少细部的建筑等，大尺度成为城市中很多空间和环境的典型特征。设计者按汽车的速度、尺度和运动规律设计了我们的城市。

而我们忘了，城市中的主体应该是人。古代城市中，城市中的空间、建筑等的设计都是以人这个主体出发，以其适合的角度进行设计的。就像芒福德在《城市发展史》中所指出的，关于建筑物的大小尺度，中世纪的建造者更倾向于人的尺度，教堂和市政厅除外。[48]

中国传统城市结构，是以方格网的街道分隔出一个个街区。以明清北京城为例，两个街道之间的距离为50步，也就是相当于现代的77米。这种小街区的尺度，也是许多西方学者所提倡的。芒福德提出70米×70米至100米×100米的传统街区尺度，是城市空间形态的基础。雅各布斯也在《美国大城市的死与生》中呼吁，“大多数的街段必须要短，也就是说，在街道上能够很容易拐弯。”[49]在这个强调大的年代，动则300米、400米以上的大街区，容易使人产生孤立感，人和人之间的距离，人和城市公共空间的距离也随之变大。小的街区，市民更愿意在其中活动和步行，也更容易走到他们想去的商店、广场、公园，从而也更具活力，街道旁为人而设计的建筑也使城市显得更为典雅。只有按人的尺度、人的运动方式、人的需求去设计我们的城市，才能使城市显得有活力和富有生活气息。

**2. 大小并置**

但是不可否认的是，现代的城市既有“快”也有“慢”的需求。快是带动城市高速运转的基础，而大尺度为快提供了充足的空间；慢，是享受生活参与生活的节奏，小尺度是慢的容器。任何单尺度城市，都会带来问题。就像前面所提及的，与只为汽车设计的大尺度城市，如华盛顿、北京等大城市一样，忽略了人性的感觉和需求，使城市远离了生活。如果，我们只按小尺度，虽然符合人的尺度去建设城市，充满了生活气息和活力，就像意大利的威尼斯和佛罗伦萨，但是城市无法高速有效地运营，也就无法参与到现代城市的竞争当中。城市，应该大小尺度共生，动静空间并置，从单尺度走向双尺度。

小尺度之城——威尼斯充满生活气息却运转效率低下。

**双尺度之城的典范——巴黎**

去过巴黎的人，都会像吸食了毒品一样迷恋上这座城市。习惯了现代大尺度城市的人们会发现，巴黎亦真亦幻地融合了现代和古典。游走在香榭丽舍大街，这条连接协和广场和凯旋门的城市中轴线上时，人们总是发现一切像幻觉一样，汽车和生活竟然都在这发生。宽

大尺度之城——北京高速运转中缺失了生活的艺术。

敞的道路，承载了这个国际大都会如水的车流。而道路的两侧，是传承自17世纪路易十四时期的林荫大道，人们在此悠闲地欣赏着巴黎特有的浪漫、香韵和历史。700米的林荫道东边指向协和广场，西边连着1000米的商业步行区。这些7~8层的古代贵族建筑，正好是全球各种高档商品的最佳容器。古典建筑的典雅混搭着高端品牌的奢华，吸引着来自世界各国的消费者。巴黎，是大尺度与小尺度并置的典范，让习惯了尺度的人们沉迷其中。

对双尺度城市的构架在城市建设之初就应该成为基本框架，线性的大尺度的交通空间就像动脉一样支撑起城市的有效运营，网络状的小尺度空间就是毛细血管，使城市各个肌体充满活力。但现在我们的很多城市已经按大尺度建设完成，如何融入小尺度空间，融入人性需求，就成为了我们面临的重要问题，也是值得很多城市反思和探索的。

**陆家嘴环形天桥**

上海，中国金融之都；陆家嘴，上海金融之心。在这里有代表新时代的高层、超高层建筑，有代表人气的车流和人流，有代表中国速度的快节奏工作和生活，却缺少了让人慢下来欣赏这些东西的城市空间。陆家嘴是大尺度，大而空旷、大而拥堵，为了迎接2010年世博会在上海举行，一个直径约117.5米，桥宽9.5米的环形人行天

香榭丽舍大街被看做是巴黎最美丽的街道，集高雅与繁华、浪漫与流行于一身。

“明珠环”与地面环岛道路相得益彰。

桥，在陆家嘴的中心升起。这个“明珠环”，应该说也是一个大尺度的空间，很容易融入周边的环境。但它建造的出发点却是从人使用的角度出发，为人步行的需求而设计。它连接了四个地块，从人行的角度把它们连为了一体。行人再也不需要冒险穿越车流，陆家嘴再也不是一个看得到、走不到的地方了。它给了陆家嘴一个慢的机会，行人拥有更多的空间来欣赏这个城市。当然，它的尺度不能让人感到完全舒适，比如行走的距离，再如灼人的烈日，但是它应该无愧于成为一个在大尺度空间融合人性需求的一个弥补。

# 第四章

# 邂逅风景

一座伟大城市的形象很大程度上源于其公共空间的品质，即街道、大路、公园、广场、集市和滨水景观的品质。

——西里尔·鲍米尔

一座伟大的城市，必定有其伟大的城市公共空间。从《罗马假日》中的西班牙广场到出现在无数好莱坞电影中的纽约中央公园；从风情万种的巴黎塞纳河到五彩缤纷的上海外滩；从东坡居士的西子湖到弗兰克·盖里的芝加哥千禧公园；从古典、优雅的伦敦牛津街到时尚、大气的纽约第五大道，等等，莫不是文化、自然、艺术、空间的完美融合，最重要的是人在空间和时间中所扮演的角色，人们在城市中邂逅风景，也在传承风景。

# 第一节 广场——城市的盛宴

听得见的声音是美的，听不见的声音更美。

——约翰·济慈（John Keats）

西班牙广场，这个曾吸引英国诗坛浪漫三剑客——约翰·济慈（John Keats）、乔治·戈登·拜伦（George Gordon Byron）、珀西·比希·雪莱（Percy Bysshe Shelley）喝咖啡的地方因奥黛丽·赫本（Audrey Hepburn）在电影《罗马假日》中在广场的台

西班牙广场：在台阶上坐下来，不可思议的是很自然地就有一种明快的、悠闲的气氛。

阶上吃冰淇淋而闻名遐迩。

如今的西班牙广场已经成为一个世界性的旅游景点。广场的名称是因当年的西班牙大使馆而得名。广场规模不大，由137级台阶、贝尼尼设计的喷水池和一些英国咖啡馆组成，另外阶梯下左侧的墙壁上记载着：1821年诗人济慈于此亡故。

西班牙广场无论在规模还是在自身特色上都算不上优秀的，但它却是成功的，这正说明了广场的意义所在。“在这个缩略的时代舞台上，我们既看到了一批影响时代进程的思想家和文化精英在罗马贝格广场和巴黎左岸的优雅行走，也能看到布鲁塞尔广场和红场的血腥记录，而著名的协和广场断头台的故事更是令人发指。”[50]都勒·布伦在《广场的故事》一书的序言中这样写道。他在书中介绍了十几个充满历史和故事的著名广场，用他自己的话说就是“广场的故事体现了时代大舞台背后的历史真相，它唤起人类心中的全部关怀”。

城市广场作为城市公共空间的重要一员，在城市中扮演着非常重要的角色，既是当地城市居民公共生活的真实写照，也是城市历史文化和形象的缩影。很多人容易单纯地将开敞的铺地空间认定为广场，但其实并非如此简单。芦园义信[51]对广场的空间有着非常明确的定义，他认为：“广场要有明确的边界，且边界线最好是建筑的外墙，要具有良好的封闭空间。”而刘易斯·芒福（Louis Mumford）在研究西方广场发展历史时明确提出：“广场并不是单纯的一个开放性场地。它在发展的过程中逐步形成为一个完整的管区，布局形式较繁复，圣祠、庙宇、法庭、议会，以及威严的柱廊环抱所形成的开阔空间，都是它的组成部分。”[52]由此可知，广场应与周边的建筑、环境等相联系并形成一体，正是因为有了实质物体的围合与界定才有了在形态上可识别的空间。

广场作为城市公共空间系统中一个重要的组成部分，它不仅是形象的门户，更是人类聚集和交往的重要场所。有人曾将广场比喻为音乐符号中的全音符，与街道等线性空间一同构成了具有律动感的城市乐章。也有人认为广场之于城市犹如舞台之于剧院，每个舞台都有其独特的外在形象与文化内涵，在时间的推移中不断有演员在此上演着历史与人生的悲喜剧。无论是舞台还是乐章，都表示了广场对于城市的重要性。

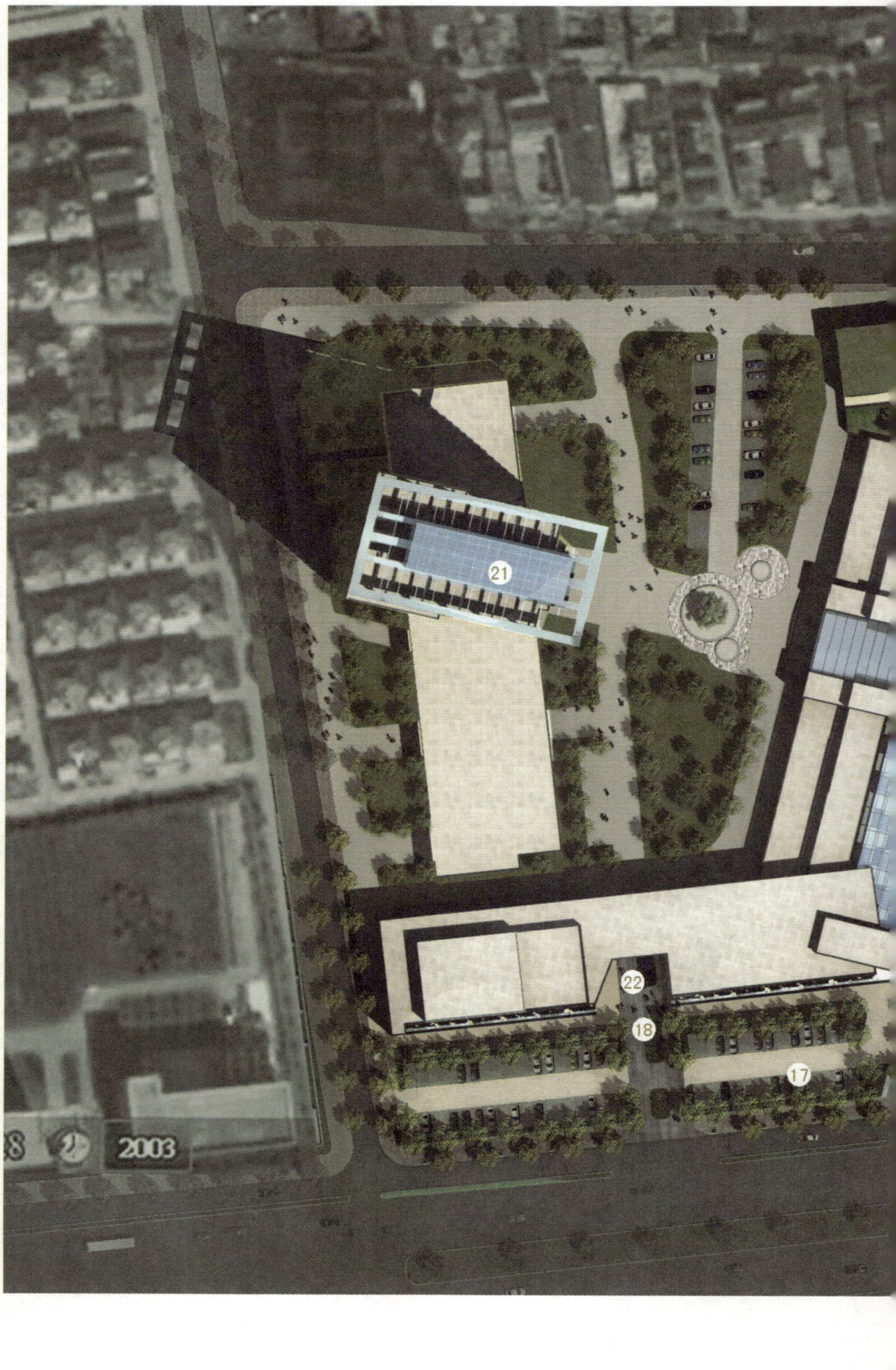


扬州来鹤台广场景观改造

“忽闻瑶琴奏，遂舞玉山岑。”这位宋代诗人以仙鹤高洁的住所，寄寓了来鹤台广场优美休闲的观光环境与超值领先的置业条件。通过设计团队的塑造，来鹤台广场将重点突出城市门户的关系，促进与市民等各色群体的互动，发挥“中央客厅”的重要作用。

1 东南入口
2 入口步行桥
3 水池
4 小丘
5 东北入口
6 东北停车场
7 缓坡
8 镜面水池
9 下沉广场
10 电梯
11 商业建筑
12 店前广场
13 花坡
14 树阵
15 舞台
16 LED雨棚
17 西南入口
18 西南停车场
19 商业内庭
20 商业建筑
21 金陵大饭店
22
23 后勤通道
24 公共服务覆土建筑

凯文·林奇（Kevin Lynch）认为："广场位于一些高度城市化区域的核心部位，被有意识的作为活动的焦点。"加之广场本身在尺度与空间上所具有的开阔性，更使其常被作为许多重大消息和活动发生的平台。许许多多广为人知的历史事件都是在广场中演绎的，如1793年，法国国王路易十六被推上了巴黎革命广场的断头台，结束了法国波旁王朝的统治；1808年，西班牙人与拿破仑在马德里太阳门广场上的血战拉开了西班牙独立战争的序幕；在中国，最有名的莫过于1949年见证了新中国成立的北京天安门广场。与此类似，作为重大历史事件见证人的城市广场还有很多很多。

可见，广场空间所具备的空间聚合性，让人类在其中上演了太多的历史话剧。许多广场也因此沉淀了许多值得现代人赞颂和纪念的历史事件与其背后的故事。与此同时，也正是因为这种聚合性，人们常常来此交流与休憩，广场也因此成为了向他人展示当地历史文化和特色的媒介。

广场入口亦幻亦真、别具一格的"瑞鹤健飞"主题雕塑。

西班牙广场上贝尼尼设计的喷水池。

广场具有城市形象门户的重要作用，它的发展无论在空间还是时间上都承载和反映了一个城市发展和形成的过程，是城市向市民与游客展示当地文化特色的重要平台，人们习惯于在此休憩与游走，聚集与交流。而这些历史文化元素在广场中主要通过公共艺术品、铺装色彩纹理、植物搭配等具象性的元素体现，通过以上元素的组合排列，营造出风格明显的广场空间。芦原义信曾对文艺复兴时期博洛尼亚的马焦莱广场（Piazza Maggiora）、威尼斯的圣马可广场（Piazza San Marco）、罗马的卡比多广场（Piazza del Campidoglio）的艺术价值作出了很高的评价，他认为这些广场不仅仅是单纯的城市开敞空间，更是通过绘画、雕塑等艺术作品，向公众们展示了当地特有的历史文化与宗教信仰，让置身其中的人们能够体会到当地特有的文化积淀，具有很强的感染力。

"单一用途的广场并没有特定的服务人群，将不可避免地像是'无人居住'。"斯皮罗·克斯托夫（Spiro Kostof）的这句话强调了广场作为城市公共空间元素的一

巴黎共有12条大街以凯旋门为中心，放射四周，磅礴恢弘。

个重要属性，也是广场存在的重要原因，那就是服务于人的属性。而在当前中国新城市建设浪潮中，政府大量的建设城市形象广场，单纯在尺度上与其他城市做比较，求新求大。广场的大小，成了各地政府炫耀当地经济实力的工具，然而，这种片面的做法，恰恰忽视与违背了广场作为城市公共空间的本义。许多广场虽然占地几百亩，在平日却空空荡荡，成为了可看不可用的空摆设。“广场是居民的生活场所，是热闹有生气的空间，而不是单纯的封闭空间。”这是芦原义信对广场的期望。不止斯皮罗·克斯托夫和芦原义信了解广场的本义，历史及现代许多的专家都有共同的认识：广场，重不在空间，重在人的参与。雅克布·伯克哈特（Jacob Burckhardt）曾指出：“广场与集市一词源于古希腊语的‘集会（agheirein）’，而这个词通常指集会本身，而非它的地点，这意味着人们在广场中发现自我的过程，即买卖、交谈、经营等”。[53]由此可知，自古广场的形成不仅是为了让人聚集于此，更是人类进一步发现自我价值、产生社会认同感的重要场所。广场与生俱来的公共性，不应该在现代化的城市公共空间建设中被少数的决策者拿来作为形象展示的工具，而应该切实地成为服务于公众，成为公众寻找自身价值的公共舞台，让公众在这个舞台上欢快的舞蹈。

一个优秀的广场首先应是兼具外在与内在的优秀品质。所谓的内在品质，指的是广场对于当地历史文化与民俗风貌的传承与体现，是非物质文化价值；而外在品质，指的是广场空间感与尺度感的塑造，是否与周边建筑及设施有良好的共存关系，是物质空间的体现。只有两者的兼容并存，才能算是一个优质的城市公共广场。

在广场外在空间尺度的营造上，何种尺度的广场容易形成宜人的空间感和尺度感，不同学者对此的研究值得我们借鉴。19世纪德国建筑师H·麦登斯（H. Martens）认为：建筑与视点距离与建筑高度之比D/H=2时，可以充分观赏建筑的空间构成。故而，宽度两倍于建筑高度的广场尺度对于欣赏建筑外观将起到良好的效果。但是，在现实的城市开发项目中，容易出现两个极端，一个是迫于用地空间的狭窄，没有尺度两倍于建筑高度的广场；另一个则是忽视合理空间尺度把握，

广场也讲究内外兼修，既是对历史文化的传承，也是对空间尺度的塑造。

世界上最小国家梵蒂冈的圣彼得广场。

一味求大的广场空间，仅将广场作为政绩展示的平台。当然，也并不是所有的广场都需要按D/H=2的尺度进行设计，随着广场位置和环境的不同，广场的尺度对人类心理的影响还是有相对量化的评价标准。凯文·林奇认为，12~24米可以算是亲切宜人的尺度，而大多数成功的围合广场尺度一般都不超过135米，最大尺度可在70~100米，因为这是看清物体的最远距离。同时，广场空间的设计，还要注意场地与城市肌理、道路的协调，避免周边交通带来干扰。

对于广场的内在表现，正如之前所提到的，广场是城市历史与文化的缩影，其

历史并没有被忘记，人们用广场上的欢乐和凝重给予了它最好的肯定。

南宁五象广场的设计灵感来源于五象岭传说，后成为保护南宁的吉祥形象。

在满足城市功能和实用性的基础上，还应在审美上具有一定的文化内涵，发掘城市的历史文脉和和人文根源，通过个性化城市形象的塑造，提高城市空间品质。这其中具体的表现手法可从铺砖的纹理、广场雕塑、当地特色树种等方面着手，增加空间的故事性和叙事性。南宁五象广场的设计在这一点上是成功的，建成后的五象广场已经成为向民众展示壮族文化历史的重要媒介。广场中的五象雕塑向人们讲述了南宁市自古被誉为象城的历史背景，相传这五只象是秦始皇为了治理南方水患而派来的，在成功治理水患后便留在南宁不肯离去，从此五象成了南宁人心中的保护神。许多游客到了南宁，都会特意到五象广场来参观这一具有当地文化特色的城市雕塑。另外，浓缩了当地历史与文化的城市广场，往往更容易让当地居民产生归属感与认同感，而没有展现城市内涵的广场，往往会被认为是一副没有实质内容的躯壳存在于城市空间中。

多样性和活力，在广场的设计中也显得尤为重要。不难想象，如果广场只是一片开敞的空地而无吸引人的功能，会有多少当地居民愿意来此休闲游走，又有多少远道而来的游客会来此参观游玩，答案一定是否定的。而一个具有活力的城市广场必定是要和周边城市公共功能相融合的，广场周边的建筑功能最好是一些能吸引人流的公共设施，如商业中心、展览馆、会议厅或餐饮等。广场中心的音乐喷泉、雕像群也是吸引人们的焦点目标，而林荫树阵和喷泉则是人们在夏天乐意逗留的场所。在这方面表现出色的城市广场也非常多，如墨尔本联邦广场上的维多利亚国家美术馆是全球第一家以澳大利亚艺术为主题的公共博物馆，每年吸引大量的游客来此参观，一睹澳洲风情。墨西哥马约尔广场上的风情表演，对国内外游客和当地居民也具有极大的吸引力。

现代城市广场之所以为城市公共空间的重要组成部分，便是因为它能通过自身所具备的各种多样化的功能，吸引不同的使用者和活动者聚集于此开展活动，从而满足社会交流的需求。可以看出，广场存在的意义与广场及周边功能空间有着紧密的联系。城市广场发展到今天，其建造目的及手法已经和历史上广场的产生有了很大的变化，尽管作为城市空间一个重要的组成部分，它的意义却远远地超越了城市空间的范畴，而是人们共同生活理想的场所。

## 一、美艳惊世的广场
## ——斯坦尼斯拉斯广场

斯坦尼斯拉斯广场是我所见过的最美丽、最令人愉快、最完美的广场，一个宏伟的广场。

——维克多·雨果

这座被称为世界上最精致的城市广场，究竟美到怎样的程度，能让这位法国浪漫主义作家如此感慨？难道是因为作家本身细腻和感性的情感而将斯坦尼斯拉斯广场的美艳和宏伟放大了？是否如此，还是应该由我们亲身感受后才能有所评判。

斯坦尼斯拉斯广场（Place Stanislas）位于法国东北部南锡市的市中心，是法国国王路易十五的岳父——波兰国王洛兰公爵斯坦尼斯拉斯一世于1752年至1756

广场四周的建筑构成和谐的整体。

年主持修建的，既是为了感谢他的法国女婿路易十五为自己取回波兰国王头衔，也是为了体现他个人为当地的经济繁荣作出伟大贡献的政绩。

在这里，很有必要提到两位依靠高超技艺及顽强意志为斯坦尼斯拉斯广场作出伟大贡献的铁匠：让·拉穆尔（Jean Lamour）和热拉尔·德弗朗斯。说到斯坦尼斯拉斯广场最引人注目的、最为绚丽的装饰物，便是波兰王室铁匠让·拉穆尔倾

让·拉穆尔设计镀金锻铁大门和灯笼。

尽毕生精力制作的花边状镀金铁制工艺品。状似贝壳的铸铁格子图案饰物闪着金灿的光芒，华丽而典雅。让·拉穆尔无愧是将这座广场的高贵形象推向高峰的人，体现了当地伟大的艺术成就和创造力，也使得这里成为了当时闻名于世的文化中心。

然而，在经历了法国大革命后，斯坦尼斯拉斯广场惨遭破坏，到了20世纪70年代，已成了斑驳陈旧、门倒墙塌的状态，昔日的辉煌不再，成了脏乱的停车场。为了重现斯坦尼斯拉斯广场的辉煌，在法国南锡市和法国历史纪念馆办公室的努力下，筹集了300万美元，才使斯坦尼斯拉斯广场有了机会恢复当年的面貌。热拉尔·德弗朗斯受命主持此次的重建工程，经过8年时间的修复才使得这座曾经闻名遐迩的广场获得了新生。为了能再次重现广场中工艺饰品的精美，铁匠热拉尔·德弗朗斯花了整整5年时间探寻和研究让·拉穆尔所写的回忆录和留传下来的图纸。最后，热拉尔·德弗朗斯与12 名金属工匠共同协作，用10吨生铁浇铸，制成大约二万片花叶饰片、花环和嵌有宝石的旭日形饰针及爱神丘比特等。这些闪亮镀金铁器、饰物上的

两座建筑彼此相对，中间填充了在当时欧洲无与伦比的城市空间。

广场经常用于公共集会和庆祝活动。

每一片叶、每一个小装饰都是一个精美绝伦的工艺品，都倾注了工匠们的大量心血和汗水，是他们智慧与辛劳的结晶，修复后的广场显得更加美丽动人。斯坦尼斯拉斯广场也在1983年被联合国教科文组织列入世界文化遗产，其文化艺术价值及历史意义也得到了充分的肯定。

斯坦尼斯拉斯广场精美的工艺给世人带来了惊叹，也提升了南锡市的城市知名度。由此，我们可以看出广场作为城市亮点和名片所蕴藏的影响力，它不仅能成为一个城市展现独特格调的重要平台，更重要的是，景色独特、造型精致的城市广场，会为来此的游人、参观者带来视觉上美的享受和心灵上的愉悦。

## 二、设计前卫的广场——联邦广场

你一定要亲自来到联邦广场，实实在在地去欣赏它。

——《纽约时报》

位于墨尔本市中心的联邦广场( Federation Square )占地3.2公顷，于2002年完工并对外开放，作为一个市民文化活动的中心，墨尔本联邦广场之所以能成为世界闻名的旅游目的地，不仅仅是由于它处在了一个核心商业区的位置，更是因为广

彼得·戴维森：以"上帝"的图形表现建筑。

场内融合了艺术、活动、休闲、观光和露天场地各种功能。其周边独特而有内涵的建筑形式让联邦广场成为了除悉尼歌剧院外澳大利亚第二大著名旅游观光点，在2009年一年便吸引了841万参观者到此游览。

广场上坐落着由钢铁、玻璃组合而成的抽象几何图形的前卫建筑，社会各界对其先锋的设计评价褒贬不一，但也正因为如此才使得广场在世界各媒体中不断曝光，提升了广场的知名度。

位于广场前方的旅游咨询中心，为游客提供了多样的旅游

台阶式的设计涵盖了多样化的活动内容。

能同时容纳1.5万人的大型露天广场。

途径及旅游路线，使来到联邦广场咨询的游客络绎不绝。而广场上的大屏幕起到了活动发起、推广和宣传作用，使广场成为了活动和文化集会的聚集点。广场上的天灯丰富了夜间观赏和休闲氛围。

台阶式的设计涵盖了展览、休闲、咨询、餐饮等多样化的活动内容，加之极富内涵的建筑与体现当地文化特色的景观，使得这里当之无愧地成为市民和游客向往的场地。

## 三、空中的森林广场——琦玉广场

日本琦玉县的琦玉广场（Saitama Plaza）是在市中心铁路车场遗址上建造的，占地约1万平方米，2000年5月5日建成并对公众开放。广场的设计以自然生态的“空中森林”为核心理念，在架空7米高的二层方形场地内种植了220棵榉树，史无前例的在城市的中心造了一片自然森林。整齐的矩阵排列方式与自然松散的榉树树冠隐含了人工与自然的和谐美。树冠下的荫蔽空间采用了简约纯粹的铺装设计，给行人提供了良好舒适的步行感受。夜景的灯光效果也经过了精心的设计，同样具有秩序感，体现了琦玉广场景观设计的丰富性。榉树的季节性使得琦玉广场一年四季都有不同的色彩，丰富了广场的景观视觉效果。夏日炎炎时，游人可在阴凉的树荫下休憩、读书、看报；秋风飒飒时，金黄的榉树叶随风律动更添美丽动人。广场建成后使得无数的

树冠下的荫蔽给行人提供了舒适的步行感受。

摄影爱好者来到这里，不同季节，不同场景的琦玉广场，成为了他们追随的目标，而形色各异的休闲活动体现了城市生活的精髓所在。“空中森林”的设计方式不仅在视觉上美化了城市空间，更在生态效应上起到了城市空调的效果，同时利用人工生态技术在雨季时使场地内的雨水先到达广场的网格处，之后沿着土层下渗，最后到达雨水收集装置，在形态与功能上都体现了完美统一。

## 四、旧金山联合广场的死与生

旧金山联合广场（San Francisco Union Square）占地面积为11000平方米，它的四周都是道路，身处全美第三大的旧金山商业区。1850年，旧金山第一任市长基利宣称联合广场的建成是献给这座城市的礼物。由于此地在美国南北战争时期，曾身

联合广场位于旧金山市中心，面积虽小，却整理得雅洁如公园。

人们总不免到联合广场歇歇脚，因而它总是熙熙攘攘，洋溢着浪漫而愉快的气息。

为一系列有关“联邦统一会议”的地点，所以将其命名为“联合广场”。这座广场的建立虽与战争毫无关系，但矗立于广场中央圆柱顶端的胜利女神雕像，却是为了纪念在美西战争中海军上将杜威（Dewey）于马尼拉湾的胜利而设。

作为旧金山礼物的联合广场和高高昂起的杜威将军纪念塔，见证了城市和广场的历史变迁，见证了它的死与生。进入20世纪，广场所在区域逐渐从住宅区变为全世界最著名的商业区之一，人流熙攘聚集尽见车水马龙。城市决策者认为，如果不能解决汽车拥堵的问题，这个商业区就要失去活力，所以1941年全世界第一个地下停车场就在广场地下应运而生，广场和杜威将军纪念塔就变成了停车场的楼顶。可是为汽车而设计的街区，不仅没能维护其商业区活力，反而慢慢把广场引到死亡边缘。从20世纪70年代到90年代，这里都被流浪汉占据来囤积杂物并寄居安身，随处可见他们的帐篷和行李，暴力骚扰事件也偶尔在此发生。广场建成的150年后，这个前人赠予的城市礼物已破败不堪成为藏污纳垢之所。

1997年，旧金山市政府举行了命题为“联邦广场的未来”的全球招标。组织者一共收到来自10个国家的309件作品，最终艾普瑞尔·菲利浦（April Philips）和福斯林汉姆（MD Fotheringham）的设计获奖。这个设计的主题是“广场就是舞台”，把市民的休闲生活重心引向广场。设计的目的是让联邦广场重新成为市民最喜爱的公共空间。为使广场四通八达，首先要做的是关于公共交通的设计。在广场周边的鲍威尔街铺设两条有轨电车线路，并于附近街区布满电车、巴士和城市轨道交通设施，加强相关服务，公众因而可以很方便地通过公交系统从城市各个角落到达广场。设计尤其注重激发行人的兴致，在广场的四边角落设置标识鲜明的台阶和草坪，以方便行人小憩。与此同时，增加广场与四周的商店、展览馆、艺术沙龙等的布局联系，让两者加强互动，共同获得旺盛的人气。

经过对市民公共生活需求的充分研究，设计最终决定既要有相对私密的小空间，又应该具备大面积的开敞空间。于是，以杜威将军纪念塔为中心设计了一个中央舞台，并用鲜明的铺地结构使其与广场其他区域分离出来。中央舞台可以举办大型的活动庆典、音乐会，此处因此成为市民参加集体活动不可或缺的场所。而边缘区块的设计则更适合相对私人的活动，比如备有大量桌椅的室外咖啡馆，为人们提供了一个休息聊天和静静欣赏城市的空间。林荫道、草坪和四季变化的花卉景观，让人们有机会在观赏中心舞台的表演的同时贴近自然。2002年，当联合广场经过五年的改造工程重新向公众开放时，第四十一任旧金山市长布朗向公众宣告：“使用它吧，它是你们的广场。”从此，这个被第一任市长宣称作为城市礼物的联合广场变成了“旧金山之心”。

## 第二节　公园——城市的绿洲

“它以一座花园开始，以一座神圣的都市告终。”《圣经》中如此昭告世界的发展方式，而花园由此标志着城市居民对于美好生活的向往，就连天堂Paradise这个词汇，也是来自于花园。

公园，是人们逃避钢筋混凝土回归自然的沙漠绿洲，是欣赏城市人文自然美景的观景台，是人们活动游憩享受生活的去处，是城市文明遭受灾难考验时的避难所。城市中的公园是城市公共空间系统的重要组成部分，可以称作城市中的绿洲。

人与自然之间的关系若即若离。当他还很弱小时，努力地设法摆脱自然，创造出自己的文明，认为人定胜天，可以不是自然的一部分。当他与自然渐行渐远，想用人类文明代替自然规律时，自然回予他无数的敲击。于是，人类才开始反思与自然的关系——二者不可分割。

城市是人类文明的代表，而城市公园的产生和兴起，反映了人们对城市的反思和对自然的向往。人类从生理和心理上都有对自然环境的需求。园林有几千年的历史，而公园的产生，只是近一二百年的事。英国利物浦市的伯肯海德公园（Birkinhead Park）被公认为是世界上第一座公园。英国是工业化最早的国家，短短时间内，城市人口剧增，卫生与健康环境恶化，阶级矛盾日益增加。此时，公园作为改善生态环境，抚慰心灵的一剂良药出现在英国的城市中，并渐渐成为欧洲和北

在高速的工业化进程中，公园就仿佛是城市的“心灵鸡汤”。

美许多工业化国家沿用的药方。最终，它推动了19世纪末开始的“城市公园运动”（The City Park Movement），奠定了旧金山、芝加哥、纽约、布法罗等这些城市的生态环境基础。中国自从改革开放以来，现代化和工业化程度跨上了一个新的台阶，也面临西方国家面临过的问题。同样，我们也采用了公园这个“宽恕”的药方。“生态园林城市”是许多中国城市追求的目标，提高城市绿化率，也是城市建设议程上重要的内容。

公园，在一定程度上代表了城市整体的生态环境。在公园里呼吸氧气，要比城市中的二氧化碳、二氧化硫清新；在树荫下、小河边感受徐徐凉风，要比在马路上的艳阳高照惬意；在公园里逃避喧嚣，要比大楼前的门庭若市舒适；在公园里聆听鸟鸣蛙叫，要比生活中的嘈杂喧闹优美……公园，就像城市中的“绿肺”，吸滞烟尘、粉尘，吸收有害气体，调节空间湿度和温度，降低风速，格挡噪声，净化水体，消灭细菌，监视环境。人们渐行渐远时，公园的产生把人们拉回了自然。当城市文明偏离自然文明时，公园对其进行了修正。从它诞生的那天起，城市和市民就有了和自然对话的机会，而这是公园与生俱来的功能和责任。

公园以其环境幽深和清凉避暑而受到人们的喜爱。

公园中发生了无数个故事，成为人们喜怒哀乐的聚集地。

从诞生以来，公园的另一个功能就是供人休闲游憩与交往的地方。工业时代开始，人和自然的距离远了，人和人之间的距离也远了。公园不仅具有生态功能，同时，也和其他城市公共空间一样，是为公众服务的。它与私人园林的不同在于，公园为人们提供各种生活设施，举办各种活动，以生态的环境，优美的景色吸引人们前来休闲、游憩、聚会、野餐、交流。人们乐于在此活动，也在此感受他人的乐趣。就像奥姆斯特德所说的那样："公园，是城市中唯一的地方，可以使无数人，无论贫穷或是富有，也无论年轻或是年长，都感到彼此之间的距离更近了……仅仅是每个人的存在都能给他人带来快乐。"[54]公共生活的力量，就是公园的魅力，也应是城市的追求。

奥姆斯特德本人亲自设计的纽约中央公园，在寸土寸金和拥堵不堪的曼哈顿中心，保留了一块5000亩的城市中央公园，也是美国第一座城市公园。它拥有体育场、滑雪场、溜冰场、瞭望的塔楼、矿泉水喷泉、仿造的茅屋农舍、风鸣琴、印第安人手工艺品小卖部、三轮车、儿童车、雪橇、冰船、营业磅秤……凡是看到、感觉到和参与到中央公园的人，都能得到快乐。在纽约，每一天都有2.5万人在中央公园游玩，而节庆日或是音乐节时，游人人数可达到10万。

钢铁城市中的那一株绿色更显得弥足珍贵。

在中国的公园里，我们也常能看到打太极的老人、幽会的恋人、拍照的新人，也能看到阅读的学生，听到欢愉的笑声，还有城市公共生活的重生。《雅典宪章》提出城市有居住、工作、交通、游憩四大功能。如果没有了公园，没有了城市公共空间，没有了其中的欢乐，城市只剩下了居住、工作和交通，这是你想要的生活吗？

为公众服务，为公众带来快乐，为公众参与城市生活，也是公园与生俱来的另一个功能。

人们已经厌烦了各种人工颜色的艳俗，自然的绿色成为向往。单调的城市，因为有了这一笔绿色，平添了几分生气。城市的建筑，终年不变，而人们却可以在公园里体会四季轮回，花谢花开。公园绿地景观已成城市景观和城市总体形象重要的一部分。在园中看城，城中看园，公园成为了欣赏城市和点缀城市的所在。

人们对公园的向往也体现到了经济上。“公园不仅不用花一分钱，而且还能带来额外的收入，这些收入可以使城市为公众提供更多的服务。”[55]以其自然和城市公共生活的魅力聚集着人气，依托公园所经营的餐饮、文化等设施往往因此门庭若

市。周边的房产价格随着公园的建设应声上涨，土地供不应求。以上海为例，2001年在人口密集，建成区密度很高的卢湾区中心地带建设开发了4.2公顷太平桥绿地，开发商出资3亿元，区政府出资3亿元，市政府补贴2亿元，合计8亿元的拆迁和建设费用。然而，随着周边地块的开发，区政府可获得10亿元的税收。[56]公园建设，带动周边地块联动发展，已成为了越来越多政府所认可的共识。

当地震、台风、水灾、火灾等灾害考验着城市文明时，公园成为了人们的避难所。树林水系等可以防止火灾的蔓延扩散，草地可供人们躲避坍塌的建筑，公园也可以变为灾后救灾重建的场所，安置居民，提供救援物质存储和配发。每当灾难来临时，公园的作用就体现出来了。1999年，我国台湾集集地区发生7.6级大地震时，丰原市、大里市和东势镇共有4.4万人疏散到51个避难场所，其中公园的避难面积占1/3，东势镇在公园的避难人员占总避难人员的56.3%。[57]

街道、广场都是城市与生俱来的公共空间，公园虽然只有短短一二百年，却已然成为人们日常生活最向往的场所。但是，公园设计从既有之时起就过多地迷恋风格、艺术性和景观，这与它曾经只是统治阶级玩物的过去有关。过多考虑风格、艺术、景观，而不将其当做公共空间来设计，就很可能导致一日游现象——在开园之日人头攒动看看新风景，日久天长则无人问津。公园是人们生活的场所，让人感到彼此之间距离更近，这是公园成功的基础。在过去的岁月里，公园也在一直探索人与自然、公园与城市的关系，这种探索也引领公园不断前行。

公园的命运就像喜剧演员的命运，很容易走向极其受欢迎和极其不受欢迎的两个极端。对公众生活的吸引力，是公园成败的关键。如果不能成为城市之“心”，就失去了对人们的吸引力，成为了失落的空间。就像简·雅各布所说：“如果人们赋予公园使用价值，那么公园就获得成功；相反，如果公园没有使用价值，那么必遭冷落，或者说是彻底失败。”

活力来源于生活，公共生活则是来源于多样性。对于公园来说，只有将周边的城市用地的混合功能和园内丰富多样的活动相互联系、相互强化，才能使公园充满活力，人们才得以享受生活。所以，公园里须建有博物馆、艺术馆、科技馆、体育场等

真正让人们参与其中才是公园活动的体现。

公共服务设施和餐厅、咖啡馆、特色商铺等商业用地；也应包含果园、菜地和林地。

在公园感悟自然，聆听自然。

公园也是一个拥有社会性的场所，一个所有人都可以参与其中的乐园。为了体现公园公共性，对一些弱势群体，如老人、儿童、残疾人，在设计之初就应该对其进行特殊考虑，为他们提供特色的设施，增加吸引他们来公园的动力。否则，对于他们来说，公园将是不可到达的海市蜃楼。公园的环境设计也要考虑人们社会生活的需求特点。安全性就是公园设计中不得不考虑的一个问题，应该避免一些有危险性或者让人感觉具有危险性的空间出现。夜间照明的设计也由此变得重要，只有环境气氛和安全感同在，人们才愿意在夜晚跨进公园。

从“人定胜天”到“回归自然”再到“尊重自然”，是人类思想的进步过程，也是人类对自己的反思。哈普林把公园比喻为“那些能够真正拥有自我、能够感悟自然乃至生命之源的地方”。[58]城市公园的生态性和自然性，得到人们的重视，也是公园设计进步的方向。尊重自然，就是尊重当地原有的地形、地貌、水体和生态群落，尽量采用和保留原有的动植物和微生物，引入的植物要与当地特定的生态条件和景观环境相适应。利用自然，就是利用生态手段改善城市气候，改善城市环境，减少污染和能源消耗。

公园相对于街道、广场等公共空间，只有百年的历史，虽然年轻却有活力。规划设计和城市建设中，对公园越来越重视，对公园的本质，对生活和生态的关系也在进行不断地探索。尼克·雅曼纳说过：“一旦找到答案，就会用不同的眼光看问题。”正是由于看问题的角度不同，因而得出的答案也不同。从前，人们从“美学”的角度审视植物，喜欢乔木的挺拔和草地的纯粹，却不喜欢灌木的繁杂。现在，从顶部到底部包含了乔木、灌木、草地的垂直绿化，变成了人们普遍认可的美，不仅让人感叹“源于自然的艺术竟然如此美丽。”[59]这样的改变恰恰就是人类反思自己与自然关系的结果，而这样的反思在我们的公园设计中得到越来越多的展现——从硬质的人类亲水活动空间到软质的生态栖息空间，从人工的花卉主体园区到自然的杂草野花地，从人工的喷泉景观到生态水处理湿地，如此种种再到公园中的自然性和生态性，人们正在从大胆地改造，变为亲密地接触。无论公园的巨细，甚至小到一棵草、一朵花，都应该展现出人们保有接触的心理，展现出对它的尊重。这种尊重，也是公园设计进步的一大体现。

在公园里面，树林花丛就像城市街区，交通和视觉上的轴线节点就像城市广场，核心的建筑与景观就像城市中的地标和市政府，整个公园空间是开放的、成系统的。公园的开放性，也体现在公园与周边城市用地和城市空间的关系上。如何融合公园和周边用地功能，如何衔接公园与其他广场街道等公共空间，如何让市民感觉公园是对他们开放的，是公园设计的要点。

繁忙的交通很容易割裂公园与其他地块的联系，公园也就失去了它的可达性。不能到达的公园就只能成为“孤岛绿洲”，而非“绿心”。如何使人群愿意而又便捷的到达公园，是支持起公园人气的基础。公园设计尤其应该积极地和城市步行系统和慢行系统对接。这样，人们既愿意步行或慢行到公园的自然空间，体会不一样的感受，又可以完善城市步行慢行体系。与城市公共交通体系的衔接也很重要，公共交通能为公园带来足够的人流，又避免繁重小汽车交通导致公园与其他区块的割裂。融入交通体系的公园，可以使其辐射范围增大，服务更多的人群。

公园需要关注其和周边环境的关系。公园活动的多样性，不仅是体现在其内部功能和设施的多样性，也往往与其周边地块有关。如果周边是功能混合的城市中心，那么公园就有了良好的活力基础，如何加强公园与这些功能的联系就显得很重要。如果公园位于满是围墙的工业厂房之中，尽管它设施丰富，有意愿前来的人也会寥寥无几。“公园地产”也是一个重要问题，过高过近过密集的建筑慢慢把公园逼得透不过气，让人误认为其是私人财产，失去了公共性，抑或是高楼大厦破坏了公园内的自然人文景观，钢筋混凝土占领了城市绿洲。

## 一、城市中心的中心——马来西亚KLCC公园

KLCC是Kuala Lumpur City Center的缩写，意思是“吉隆坡市中心”，又或被称作城中城。KLCC是一个具有雄心的项目，它占地160公顷，位于老城区的西部。KLCC中最醒目和最广为人知的是这个国家的标志——451米高的国家石油公司双子塔。世人皆以为双子塔就是城中城的中心，然而世人都被眼睛所蒙蔽，最高的并不一定是中心，生活所往心灵所向的才是真正的中心。整个KLCC项目都是围绕着中心公园建设的。该区域功能复合，覆盖甚广，国家标志双子塔、城市最大的购物中心、会议中心、水族馆、星级酒店、清真寺、高档住宅……而中心公园不仅是它们的几何中心，更将他们联系在一起，因为从公园到这些建筑之间并没有大流量交通的阻隔。正是有了这么复合而又吸引人气的功能建筑，KLCC公园才能成为市民生活的活力中心。

KLCC公园是孩子们嬉戏玩耍的胜地。

公园与城市相互辉映，不知是公园点缀了城市，还是城市衬托了公园。

KLCC公园是已故巴西著名建筑景观设计大师罗伯托·马克斯（Roberto Burle Marx）64年城市设计生涯中最后的一件作品。罗伯托不仅是一个景观设计师、城市设计师，他也是艺术家、英语家、画家、环境保护者、低碳生活者。他的设计以自然为基，不刻意雕琢；以自然为律，不混杂花色亦不单调乏味；以自然为本，不沦为摆设。设计KLCC公园时，罗伯托阐述自己设计公园的主要目的是，“让世界能够感知和理解自然的重要，哪怕只是一点点”。他在城市中心尽情地表达对自然的尊重，尽管有些人为的设计是难免的，也是必须的。原来场地内23个品种的植物得以保留，同时引进了本地水陆植物，共有74种，有本地树木花卉1900棵。这些本地植物都向游客和市民宣告这是一个热带的城市，也是一个热带的公园。

倒映在水中的双子塔。

公园周围的城市功能为公

园打下了足够的人气基础，但这并不是使人驻留于此的唯一原因。作为中心的KLCC公园当然不想只作为联系各个建筑的通道而存在，所以设计涵盖了多种设施和功能，儿童是设计师最关注的群体，儿童游泳池作为最受欢迎的设施，是免费对外开放的。可以想象，在城市中心，双子塔下儿童尽情戏水，看到这幅景象的人们会体会到怎样的心情——儿童和高楼同时彰显了这个国家的明天，并且氛围又是如此快乐；设计还包括两英亩的儿童游乐场和1.3公里的塑胶跑道，也为人们在繁华的城市里提供了享受慢板生活的机会；当然精心设计的雕塑、壁画、小品、座椅、饮水系统乃至公共厕所，都能吸引人们驻足观看。值得一提的是，每天下午，在双子塔下10000平方米的人工湖中，就会喷出34米高的喷泉，同时伴有150种不同的音乐和灯光特效。当然，城市庆典也是公园聚集人气的一个重要方式。身处KLCC公园中的人们，无论是市民、儿童还是国际游客，都可以看到他们洋溢的笑容和对生活的享受。

视觉的核心是双子塔，生活的核心是公园。

如果周围没有像双子塔一样的建筑和功能，就支撑不起公园；如果没有公园，只有建筑，那就不能成为城中城。在这里，地标只是绿叶，公园和城市生活才是中心。

## 二、姗姗来迟的公园——芝加哥千禧公园

芝加哥是美国第三大城市，1871年发生的芝加哥大火持续了几天，摧毁了约

千禧公园将城市公共空间的功能发掘到极致。

675平方公里范围内价值约2亿美元的财产，成为19世纪人类城市历史上巨大的灾难之一。但是芝加哥并未因此放慢发展的脚步，经历过一次“浴火重生”的芝加哥可以称得上是美国现代建筑的发祥地，一系列大规模重建使之聚集了世界上最多的摩天大楼。

千禧公园位于芝加哥大都会的中心地带，占地16.5英亩，东西介于密歇根大道和哥伦比亚大道之间。千禧公园的东侧是浩瀚的密歇根湖，西侧是繁华的芝加哥市中心，一系列的摩天大楼包括世界第三高的希尔斯大厦（Sears Tower）和闻名全球的芝加哥期货交易所就坐落在这里。尽管千禧公园所在的位置十分重要，但是建成前，这里并没有得到合理的利用。由于长期被铁道线路和停车场占用，这里将滨湖的大公园与中心城区隔离，成为一处失落的空间。千禧公园的建成，搭建了城市与滨湖大公园的联系，完善了城市公共空间系统，同时也带动了周边的发展，公园的周边建起了新的高层公寓，同时也吸引了更多的游客来此参观。

千禧公园建成于2004年7月，由著名建筑设计师弗兰克·盖里设计完成。1998

年对于千禧公园的最初设想只是一个带点绿意的公共停车场，但是随着一系列新奇想法的产生，整个公园最终的花销超过了预算的三倍，飙升至4.75亿美元。这也使得公园足足延迟了四年的时间才与世人见面。然而它的延迟绝对是值得的，迟来的公园洋溢着后现代城市的气质，成为了一处激发公众想象力的大型公共空间，落成后很快成为了芝加哥的城市新地标。

公园没有围墙和大门，是一个完全开放的城市空间。弗兰克·盖里设计的一个蜿蜒的人行天桥将千禧公园与东部的格兰特公园相连，勾画出美妙绝伦的城市线条，建立了公共空间的连续性，打造了活生生的城市名片。整个公园用地为近似正方形的地块，并没有太大的地形起伏，也没有蜿蜒的道路，整体布局看似一个横平

千禧公园诠释了城市公共空间的公共性。

皇冠喷泉，每天图像都在变化，每天都带给人们惊喜。

竖直的棋盘，然而这里却是一处“后现代建筑风格”的云集之地。露天音乐厅（Jap Pritzker Music Pavilion）、云门（Cloud Gate）和皇冠喷泉（Crown Fountain）便是千禧公园中最具代表的三大后现代建筑与景观。

其中，最引人注目的是新建的露天音乐厅，它几乎占用了公园四分之一的面积，敞开式的富有张力的设计使其成为公园中的点睛之笔。音乐厅高约40米，敞开式的舞台屋顶是由形状看似“波浪卷发”的不锈钢带状物构筑而成，内部全部采用道格拉斯杉木木材。舞台上方直接连接着相互交叉的不锈钢钢管棚架，延伸至广场草地的尽头，自然地划分出了音乐厅的座位席，整个音乐厅极富后现代雕塑的韵味。音乐厅的主观众席可容纳4000人，座椅全部采用鲜红色，与草地的绿色，不锈钢的银色形成强烈的对比。不锈钢构架下铺满草坪，可席地而坐容纳6000人。棚架上装有音响系统，使坐在草坪里的任何一个角落都能享受到演奏的效果。音乐厅的舞台可容纳120人的乐团演奏，合唱阶梯上可容纳150人合奏表演，这里是格兰特交响乐团举办音乐会的特别露天舞台，同时也是举办爵士乐、布鲁斯和世界性音乐会的极佳场所。每年的夏天，这里都会举行近百场音乐会，良好的舞台灯光效果总是会使这里夜晚的节目表演绚丽多彩。公园内的草坪下设有的三层停车库，满足了云集至此的游客及比邻的中心商务区的停车需求。

公园中最受人们欢迎的还是由英国雕塑家安尼诗·卡普尔(Anish Kapoor)创作的不锈钢弧面雕塑“云门”。尽管艺术家称其为“云门”，但是，芝加哥人更喜欢亲切地叫它“豆子”，大概因为其椭圆形的球体，宛如一颗饱满、圆润的银色豆子横卧在公园的中央。“豆子”宽22米、高11 米、重110 吨，由168个不锈钢板与复杂的内部高梁蜂窝结构焊接而成的，精良的施工工艺使钢板间被打磨得天衣无缝，看似一块统一的整体。其表面高精度的抛光，使其宛如一滴水银，清晰地映照出蓝天白云以及

云门，宛如一个巨大的哈哈镜，映照出别样的城市与自己。

露天音乐厅下的草坪是这个公园标志之一。

露天演出，是美国很多城市公共空间的必备节目。

周边的千禧公园和密歇根大街的高层建筑，走进的游人也被融入其中，哈哈镜般的影像效果显现出扭曲的城市映像，以其独特的方式与芝加哥的建筑天际线发生共鸣，同时具有赏玩的趣味性。整个雕塑只有两点与地面接触，行人可穿行其下，底部凹槽如同激流中的旋涡，使其造型更为丰富，奇妙的效果亦真亦幻。

公园中另一处颇为壮观的景观是皇冠喷泉（Crown Fountain），由巴塞罗那艺术家乔米·普伦萨（Jaume Plensa）制作。喷泉由一对16米高的玻璃方塔组成，相对而立在一片70米长浅浅的方形水池上，人们可以在池里戏水。方塔的玻璃墙面内有电子屏幕，屏幕中不时变换着取自1000名芝加哥人的头像，不分男女老少，没有种族国界，人像的“口”中还会不时地喷出小瀑布，令周围游玩的人群感到一阵阵惊喜，水雾落下时形成的彩虹和摩天大楼相互衬托，形成了柔刚并济的巨幅彩色画卷。在这里，科技与艺术相结合，使得整个空间如此贴近人们的生活，亲切而幽默。

公园的东南角还设有一个三角形的卢利花园，被厚厚的树篱围合起来，园内种有200多个品种、4000多棵来自世界各地的植物。同时，公园中还设有溜冰场、古典列柱廊、轴线步道等游览与休憩的场所。整个公园是古典园林布局和前卫的艺术设计相结合的结果，呈现出“园中有园”的景观特色。

千禧公园已成为史无前例的世界级艺术、音乐、建筑和景观设计的交融中心，整个公园充满了活力和艺术感。正如芝加哥市长戴利在献词中说，千禧公园是献给芝加哥人民的一份礼物，是对芝加哥悠久建筑史和艺术史的永久纪念。它将激励子孙后辈带着这份丰富的建筑和艺术遗产继续前进！

## 三、天堑变通途——西雅图高速公路公园

如今“浪漫”一词大行其道，多与爱情相提并论，实际上在法语中它的原意是指毫无秩序的蔓草丛生的景象。在18世纪的欧洲，一股迷恋草长树杂、乡野自然的情绪在城市中慢慢日茂，渐成气候，是为浪漫主义的雏形。中世纪时，欧洲的城市与自然呼吸相通，为逃离的农奴带来了自由，及至18世纪，欧洲城市已颇为繁盛，此时城市中的人们渐渐地迷失方向，城市从本位角色变成了人与自然之间的调节角色，城市的构划将城市与自然割裂开来，正是这种将城市与自然对立起来的观念产生了物极必反，导致了“浪漫的”迷恋乡野自然的情绪。然而，人类生就是自然的一部分，因此作为自然的产物，人类居住的城市就是自然的一种过程和一种形式。及至近代，西方国家的城市规划者终于迷途知返，认识到了城市的本质，并使城市规划和景观设计重新回归自然，劳伦斯·哈普林就是其中之一。

西雅图高速公路公园（Freeway Park in Seattle）是哈普林的杰作之一，在城市改造更新与景观结合上，堪称大匠运斤使文章出奇，大开大合而有致有张。这座高速公路在西雅图市中心形成了一道南北向的峡谷，将城市分割成金融区和住宅区两个部分。哈普林认为穿越市中心的高速公路对城市景观极具破坏力，它不仅占用了大片土地，更将城市中原来紧密联系的地区割裂开来，形成了一道都

公园横跨了交通繁忙的高速公路，重新连接了被割裂的各个地块。

哈普林的设计是通过公园把周边地块都联系起来，让其成为这个区域公共生活的核心。

市天堑。为了加强被分割城市之间的联系，他试图建造一处延展的景观公园，将它架跨在高速公路之上，从而使两个分离的区域重新联系起来，使得天堑变通途。同时他所做的就是创造一种城市性与自然性合而为一的新的景观，使城市回归它的本位属性。

哈普林曾在美国康奈尔大学建筑系取得了植物科学学士学位，并学习了生态学理论。其后又在威斯康星大学攻读农学硕士。彼时学到的丰富的植物知识和技术，在哈普林后来从事的风景园林设计中得以施展，在他的风景园林的设计中始终将植物看做是设计根本，并常常出人意表，极大地增强了景观的艺术感染力。西雅图高速公路公园的主要组成景观是一组无规则蔓延开的几何构筑物，由块状混凝土建构而成，表面有垂直或水平方向的条痕。有的塑造成巨大的树木和灌木等植物的形式，有的则堆砌成人工喷泉的叠石景观。高速公路公园体现出对山峰和草地景观的一种隐喻，仿佛如都市森林中的一处峡谷。哈普林在设计标高较低的层面种植了杜鹃花和赤杨，而在更高的地段则种植了道格拉斯冷杉和高原树种。这些细节的处理无一不体现出哈普林对自然景观的向往。

哈普林利用高差，设计出独特的景观效果。

作为世界上第一个给人们提供了可进入的广场空间的风景园林师，哈普林运用直线、折线、矩形等形式语言使西雅图高速公路公园形成了富于变化的石林空间，步行于公园内但见径路在植被中时隐时见、曲折迂回，巨石横岭侧峰，高低不同，泉瀑水景使云岫烟岚，雕塑工艺让游者流连，凡此种种构成了一个无可匹敌的人造动态自然景观，充分体现了当代城市景观关注城市与生态的命题。

# 第三节　滨水空间——流淌的风景

土耳其诗人纳齐姆·希克梅特(Nazim Hikmet)的名言让人记忆深刻——“人的一生总有两样东西是永远不会忘记的，这就是母亲的面孔和城市的面貌。”城市面貌中最为显著的因素便是建筑和城市公共空间，而一个城市的河流或水系往往被称之为母亲河，她孕育着一个城市悠久的历史和厚重的文化，从一个侧面说明了城市滨水空间的重要性和独特性。

水是生命之源，长江、莱茵河、幼发拉底河、底格里斯河、尼罗河等这些耳熟能详的河流孕育着世界上最为绚丽的文明。无论是过去还是现代，水都是文人们的灵感源泉，许多文人脍炙人口的诗文都有水的印记。

纵观世界，古今中外，水都是孕育城市灵气、活力和文化的场所。

水已经成为人类心中共同的图腾，不可须臾分离。

水对于城市的发展也起着至关重要的作用，“逐水而居”便是古人对水的精辟见解。《管子》“乘马第五”中写到：“凡立国都，非於大山之下，必於广川之上。高毋近旱，而水用足；低毋近水，而沟防省。”农业是古代城市的核心因素，因此早期城市选址要便于取水灌溉农田以及取水饮用。随着社会生产力的不断发展，工商业的出现使城市有了新的要求——交通便利。因此河流不仅承担着供应水源的作用，还起着航运和商业交通的作用，一些靠近河流水运便利的城市便获得了空前的发展机会。

然而，17世纪蒸汽机的出现使世界发生了翻天覆地的变化。工业革命由欧洲蔓延到全世界，也冲击着古老的城镇。汽车和火车这种快捷交通方式的出现从根本上改变了城市的交通方式。工厂更乐意通过汽车和火车来将他们的产品运到市场中，因为汽车和火车的速度更快、更准时。同样的，人们出行也更偏向于随叫随到的汽车和方便快速的火车。城市码头和滨水空间作为水运交通的吸引力也日渐下降。

在工业革命所主张的科学和技术下，城市滨水地带逐渐地失去人情味。码头和港口不再是熙熙攘攘的人流，取而代之的是巨大的工厂和吊塔。出于成本和效率的考虑，工厂占据了港口和码头，他们希望靠近河流、湖泊，以方便生产的取水和排放。水体也由于多年污水垃圾的排放出现严重污染，致使滨水空间人居环境的质量急剧下降，发展环境受到了前所未有的冲击。特别是在20世纪中叶，由于新的生产、通信、运输等技术的发展，世界范围内呈现产业结构调整的趋势，工厂、仓库、港口和火车站逐渐从城市中心向外迁移，曾经的滨水区域被弃置，有的甚至成了城市垃圾的堆积场。

# 一、滨水还是水滨

滨水地区是一个城市非常珍贵的资源，也是对城市发展富有挑战性的一个机会；它是人们逃避拥挤的、压力锅式的城市生活的一个机会；也是人们在城市生活中获得呼吸新鲜空气的机会。

——查尔斯·摩尔(Charles Moore)

滨水空间，对一个城市的重要性是不言而喻的，世界上因水而闻名、因水而繁荣的城市非常之多，诸如享有“水城”之称的威尼斯、欲把西湖比西子的人间天堂杭州、以设计师格里芬名字为湖名的年轻城市堪培拉、被马可·波罗赞誉为“东方威尼斯”的苏州、位于西欧最大湖泊莱芒湖畔的钟表之城日内瓦和有着被英国政治家约翰·伯恩斯称为世界上最优美河流泰晤士河的雾都伦敦等。这些伟大的城市无论在城市规划、建筑设计，还是在景观营造上，都充分利用了水的元素。水也改变了这些城市的文化、历史和未来。

滨水，古时称为水滨，是水边的意思。围绕水体周边的区域都被称为滨水地区

河流的改变不仅改变了自然界，也改变了人类社会，并正在越来越大的影响着人类生存发展的现在和未来。

富有特色的滨水空间与城市空间融为一体，从而提高城市的环境质量和生活质量。

或滨水空间。查尔斯·摩尔(Charles Moore)曾说“滨水地区是一个城市非常珍贵的资源，也是对城市发展富有挑战性的一个机会”。这个“富有挑战性的机会”对一个城市的影响不仅在于环境品质的提高、交通的便捷，还在于对文化的传承和土地价值的提升，更为重要的是提供了一个极具吸引力的城市公共空间。所以，我们要充分利用好这个“机会”，这需要我们对水的充分尊重和理解，且一个成功的滨水空间必须具备一些基本的因素或者原则：诸如与城市的共生共荣、生态与可持续性的考虑、亲水性与可达性、文化多样性、具有活力和共享性、良好的步行体验、连续的开放空间网络、与周边建筑功能的互动及混合用途等。

## 二、与城市共生

世界上知名城市大多伴随着一条河流或湖泊而兴衰变化，滨水地区的发展也离不开城市的总体框架和结构。一个灵活和富有远见的城市框架能为城市滨水地区提供强有力的支撑，并为城市的可持续发展预留空间。

出镜率最高的城市形象窗口。

在这个富有远见的城市总体框架中，非常重要的一点就是建立城市与水之间的联系，让城市与滨水区域共生共荣。这个联系包括在滨水与城市功能区之间建立便捷的车行和人行交通，让人可以方便的使用滨水空间，除此之外，功能之间的渗透和融合也是提升滨水区域活力和魅力的重要因素。

众所周知，城市在实现他们的雄伟抱负和整体框架的同时，也通过滨水地区展示其文明、文化和形象。城市滨水空间的作用早已超出了游憩、休闲、度假的范畴，成为一个城市的窗口，而这个窗口往往串联了城市的若干功能区和标志空间。

最为典型的莫过于被约翰·伯恩斯称之为“一部流动的历史”的泰晤士河，它所流经之处，都是英国文化精华所在，伦敦的主要建筑物大多分布在泰晤士河的两旁。尤其是那些有着上百年甚至三四百年历史的建筑，如有象征胜利意义的纳尔逊海军统帅雕像、葬有众多伟人的威斯敏斯特大教堂、具有文艺复兴风格的圣保罗大教堂和曾经见证过英国历史上黑暗时期的伦敦塔等，沿河的每一幢建筑都称得上是艺术的杰作。或许可以反过来说，泰晤士河哺育了灿烂的英格兰文明。

西班牙毕尔巴鄂古根海姆博物馆就是其中一个在滨水与城市共生方面较为典型的案例。在20世纪，毕尔巴鄂是西班牙的主要冶金工业基地，这里只配备了最基本的城市基础设施，而且还是专门针对冶金行业配备的。冶金排放污染状况使得城市给予其他文化服务设施的空间非常有限。20世纪80年代冶金工业及发动机生产业大规模的衰弱，为城市成功转型构建了基础。在这里，弗兰克·盖里通过一个非凡作品的嵌入，使全世界开始关注毕尔巴鄂滨水区的重构过程。古根海姆博物馆的建成将一个工业城镇转变为一个重要的文化胜地。毕尔巴鄂古根海姆博物馆对毕尔巴鄂的滨水区的重构起了极大的促进作用，促使这里从一个后工业场地转变为充满活力的滨水空间。滨水区的改善与博物馆的建设使城市实现了跳跃性发展。同时，博物馆使毕尔巴鄂在全球艺术圈中拥有了一个响亮的"商标"。

可以说，最成功的标志性项目是那些能够提供高度创新产品的项目，并同时在有效形成品牌效益之外还保持着项目的合理性。那些超越时尚影响的并在城市的多个层面发挥作用的标志性项目，能够远远超出它们的物理边界，为城市建设带来长久的持续性发展。

滨水空间与城市发展共生共荣。

一个共生共荣的城市与滨水空间，不光有引人注目的形式，还应产生一个具有激励性质的过程，能在一定程度上刺激城市更大范围内的发展，就如扔进水里的一块石头所泛起的波纹一样，层层扩散。

## 三、生态与可持续性

城市滨水区通常是城市的“绿肺”、“蓝带”，对整个城市的生态环境具有重要的作用。因而，在城市滨水区设计中注意自然环境与人工环境的协调显得十分的重要，无论是城市规划管理者还是设计者，都已经在这方面达成了共识。因为，我们无法想象也无法容忍一个水质很差或者是臭气熏天的滨水空间。在这方面除了通过一些生态技术的处理外，最为关键的是提高人们对滨水资源的保护意识。

厦门的筼筜湖无疑是在生态和可持续方面做得比较好的一个典范。

筼筜湖旧为筼筜港，当时可通达入海，且水色山光相依，人文史况俱足。日间可见“一行白鹭上青天”，夜里更有“门泊东吴万里船”，于是“筼筜渔火”跻身厦门

“筼筜渔火”为厦门八景之一。

又见“一行白鹭上青天”。

八景，因袭已久。20世纪70年代，动荡中一声号令，围海造田，于是一条海堤修建而成，将筼筜港封划为了筼筜湖。筼筜湖水体循环不畅，又有周边居民的生活污水及工厂的工业废水交相侵害，凡此种种导致了湖区污泥浊水，白鹭罕至，遍地狼藉，令人望而却步。

20世纪末，厦门市先后投入约3.5亿元对筼筜湖进行大规模综合治理，并取得了一定的效果。2004年，厦门市政府委托XWHO｜RECON团队对筼筜湖景区进行整治规划。

整治自当以清淤为先，于是次年掏了近一年的淤泥，堪称厦门有史以来最彻底、规模最大的一次整治。然而挖出来的淤泥安置在哪里呢？政府与设计团队碰到了与苏东坡治西湖同样的问题。苏公因势利导成就西堤，今人自然不可照搬照抄，却也可效仿古人因地制宜，堆泥于湖中建岛，名为白鹭岛。该岛面积为28320平方米，周长为696.5米，水位落差为0.6米。

白鹭岛——堆淤泥于湖中而建。

白鹭之家——宜居、宜雅、宜游。

顾名思义，此岛是专为白鹭而建，那如何吸引白鹭重回故里呢？设计团队日夜兼程，开始了为期两个阶段的重点改造，期望能够尽快还给白鹭一席栖息之地。

中国人自古讲究居处有风有化、宜室宜家，其理可用于白鹭。“宜居、宜雅、宜游”的地方自然会让它们安家落户。因此，改造的第一阶段以初步的生态恢复为主。通过整治筼筜湖水质，更新白鹭岛植被，种植适合白鹭栖息和筑巢植物品种，特别是红树林，此外还有浆果类植物，满足白鹭的食住之需。同时设置管理用房、淡水池，通过铺设管道将淡水引至此处，及时补给白鹭的饮水之求。经过初步改造，阔别多年的白鹭又回来了，还带回了海鸥等其他鸟类，湖中的水生生物也明显增加。

有了“厨房”和“卧室”，但满足生活需求还是远远不够的，设计师们还要为白

白鹭的私家花园。

鹭造一座“后花园”，保证它们的生活质量，提升生活品位。二期建设将继续改良岛上植被，增加浆果类植物种类，提供更丰富的食物，为白鹭吸引更多的鸟类朋友。同时对岛内原有的三个淡水池重新设计，使之成为活水，形成生态系统。通过对雨水的收集、利用，形成岛内完善的水循环系统，并于驳岸栽种水生植物，与池中的生物群落组成一个完整的生态食物链。为了让人成为白鹭的好朋友，在白鹭岛的北岸建造观鹭岛，筑起观鸟墙，在观赏的同时又与鸟儿保持一定的距离，正所谓距离才能产生美。在白鹭岛与观鹭岛之间利用竹筏建了许多人工滩涂，其上种上红树林，漂浮于水面，鸟儿在其上或飞、或停、或走，筼筜湖也变得生动起来。这种利用竹筏人造滩涂在国内还实属首次，红树林沿着导流堤和白鹭岛一路种过去，把整个筼筜湖

海中有岛，岛中有湖，湖中复有岛。

都装扮得分外妖娆。

白鹭岛的成功只是筼筜湖漫长改造过程中的一小步，白鹭的回归带来的不仅是生气，更是希望。筼筜湖的历史将成为一本最生动、最真切的生态修复教科书，警醒后人。

## 四、亲水性与可达性

亲水性与可达性几乎是城市滨水区能否成功开发的关键，滨水区必须吸引人，而吸引人的原则是满足人的行为和心理需求。亲水是人类的本能，在滨水区域，人总希望能够接近水域或者接触到水，因此设计水域空间形态的过程中，首先要满足人们对水可及、放眼可见的空间体验。即注意亲水设计原则，将对水体的空间视觉、触觉及听觉感受融于我们的游憩、生活、工作的场所中。

优秀的滨水空间多具有超高人气。

成功的城市滨水地区需要将城市框架与滨水空间紧密结合，整合城市与水的空间关系，使人们可以方便的通过坐船、步行、自行车以及公共交通到达。而城市的林荫大道、线性公园、商业街、周边水体及自行车道等皆可成为城市与滨水区联系的最佳通道。一个良好、完善和网络化的城市滨水链接系统，有利于城市整体战略的长期发展。

美国巴尔的摩内港的开发规划中，突出了以水为主体的设计概念，为人们最大限度地提供了看水、近水、玩水的设施与条件，布局上以水为中心，各项建筑与活动环绕水边，并以充满海洋生活色彩的水族馆为内港的中心，形成重点突出，高低错落的空间序列。规划以环绕水面的"U"字形宽大的滨水游步道作为纽带，将内港各项活动场所联系起来，满足多样性的活动需求。在空间处理上，严格限制内港的建筑高度和容积率，并保留大片的草地和公共空间。在历史文脉的处理上，利用户外环境色彩、环境小品反映出地方特色和历史延续性。

保证环湖开放空间的连续性是琴湖设计中最为关键的要素。

江苏常熟的琴湖公园及周边地区的开发也遵循了这一原则，无论是在规划还是在景观设计阶段都充分考虑了滨水区域的可达性和城市空间肌理的网络化。XWHO | RECON设计团队为整个琴湖滨水地区的发展建立了一个长远的框架和设想。这个框架强调了土地使用、交通组织、功能更新、岸线改造和开放空间几个方面，目的是希望将此

琴湖公园设计将城市丰富的形态和深厚的内涵吞纳兼并，精雕细琢，珍存了琴湖的烟雨江南，营造了一个集开放空间、休闲、旅游、娱乐和购物为一体的人文风尚汇聚地。

区域打造成一个由开放公园、商业街区、办公楼、居住社区和城市基础设施组成的城市滨水空间。通过功能的混合使用，使之成为一个高度互动和多元化的地区。[60]

常熟是一座与水密切相关的城市，自古就有“七溪流水皆入海，十里青山半入城”的美誉，琴湖滨水地区的规划为这座有着两千多年历史的城市增添了新的活力。城市设计强调了几个方面的特色：如通过对滨水岸线的改造，塑造城市水岸生活方式；建立环湖连续的滨水景观带，打造丰富多彩和具有吸引力的滨水场所；提供完善的步行通道系统；提供地标性景观构筑。

最为重要的是设计团队建立了多条与湖滨步行景观带相联系的东西向步行道，这些东西向的景观步道将环湖滨水空间、建筑庭院空间和城市道路的步行道相连，形成一个贯穿琴湖连续的开放空间网络，并串联其一系列的功能，包括有休闲步行街、餐饮零售、码头、购物中心、宾馆酒店、办公区、住宅区以及滨水零售设施。这些公共空间为人们提供了自发性社交活动场所和丰富的零售体验，游览观光、休闲娱乐、教育机会、户外节庆空间、自动贩卖机、在户外享受滨水餐厅的美食等，这些都将为步行道增添有趣的氛围。连续不断的公共湖岸与周边开放空间的相互渗

景观步道形成了一个贯穿琴湖公园连续的开放空间网络。

公共湖岸与开放空间相互渗透。

透，保证了滨水区“连续不断的可达性以及参与性”。

琴湖滨水地区的设计勾勒出琴湖滨水地区未来发展的框架，它为滨水地区和周围的城市肌理提供了一种模式，营造了一个滨水地区与城市空间的理想架构。遵循这个架构，一个活跃的混合用途滨水地区将给当地带来新的活力，并与城市融为一体。

## 五、具有活力和共享性

现代社会的快速发展与快节奏的都市生活，使休闲、游憩成为了必需品。城市滨水空间可以像公园一样为城市的人们提供一块可以忘记城市喧嚣的宁静去处。更为重要的是，城市滨水空间提供了一个供人们相互交流学习的场所。人的天性是亲水的，因此，滨水空间的“水”的属性就决定了它具有凝聚人气的潜力。

印第安纳波利斯新中心河滨改造一直在世界范围内被视作城市滨水设计的优秀案例。在40年前，这段河道正处于一般城市滨水区的尴尬阶段。由于城市产业

经过改造的滨水空间化腐朽为神奇，人气爆棚。

结构的调整，滨水的工业厂房被废弃，没人愿意进入这段区域。甚至周围的居民都不觉得他们是居住在水边的，整个波利斯新中心河已经失去了活力。设计通过对这段被废弃的河道进行了重新定位和设计，将这段曾经谁也不愿去的地方变成了城市人气与活力的核心。印第安纳波利斯新中心河滨改造通过为市民提供一个方便使用的滨水空间和一系列公园、广场来吸引公共部门和私人部门的投资，刺激周边公共服务设施的完善。现在，印第安纳波利斯新中心河滨的巨大人气还吸引了众多投资者的眼球，投资者纷纷在周围建起了商场和餐厅，周边的房价也随之大涨。不仅如此，这段滨水开放空间还吸引来了印第安纳州立博物馆、历史协会、图书馆、政府中心、医疗研究机构和美国大学体育总会。这些城市公共设施的进入对城市活力和人气的聚集又带来了极大的促进作用。

在整个区域中，印第安纳波利斯新中心河滨区域起到了一个极核的作用，不仅对周边环境、设施有极强的带动和改善作用，同时周边环境及设施的改善又反过

微地形营造出活力的空间。

来增强滨水区的极核效果。归根结底，城市的繁荣与否取决于它是否能吸引人气及营造充满活力的氛围。投资商想的是如何获得最大的利润，而利润的来源就是广大的市民，因此，哪里聚集了更多的人气，对投资商来说哪里就有更多的商机，于是各种商场、酒吧、服务设施便蜂拥出现。在这种进程中，城市功能逐渐完善，地区活力逐步提升。城市的滨水空间在这个进程中所扮演的角色就犹如一个引导者、创始者，通过城市滨水空间的合理设计和定位来引导城市活力及城市资源的聚集。

## 六、文化多样性

在很大程度上，城市的诞生和发展与城市滨水区息息相关，因而城市滨水区通常拥有许多历史性要素，如城市中最为原始的第一段围墙、第一条马路、第一间厂房、第一个烟囱、第一条铁轨，等等，这些都构成了人们认识城市的强有力的媒介，虽然许多这样的构筑物不再使用，但它们应该被认为是未来城市中最为有意义的一部分，体现出城市发展的连续性。这种思想在近几年的滨水复兴运动中获得广泛的认同，尽管有些项目是以旅游为目的。但不可否认，文化的多样性是展现一个城市滨水地区特色和魅力的指标。人们在使用滨水空间时，往往也在展现各自的文化、民俗和价值观，这些文化和价值观共同构成了滨水地区的多样文化特征。

文化多样性是展现一个城市滨水空间特色和魅力的指标。

不来梅港市的“新旧港口”是不莱梅港市及其水域的形象，但随着时间的推移，港口失去了它原有的地位，港口周边的大部分建筑已被废弃且破败不堪，随之而来的是经济和社会效益的下降。

2001年不来梅港市对“新旧港口”进行了整体规划，其目的是为当地居民夺回滨水区域并再次寻找城镇特征，新区域的设计与其历史文脉紧密相连。规划运用传统元素、现存的城市结构来保证长远的发展和开发。场地中的排水系统、高压线、电话亭、垃圾箱和一系列座椅与灯具都运用传统元素来塑造码头的特征。木质甲板是港口入口的标志物之一，并形成从城市到河流再到历史灯塔的重要视线中心。整体规划中很好地体现了文化的传承和多样性。

为庆祝魁北克建市400周年，萨缪尔·德·尚普兰（Promenade Samuel-De Champlain）将魁北克城市的两大标志性特征——河流和悬崖联合成一个连贯而灵动的景观立面。为了把这片宽阔的空间打造得舒适宜人，就必须注意对尺度和平衡度的把握。依托于场地独特的历史和地域特点，设计向人们展现了自然和河滨风俗留下的历史痕迹，同时又以能引起共鸣的人造景观构成对柔软芬芳的河滨绿地加

以补充。项目巧妙地将一系列不同的体验和氛围糅合在一起，实现了从一望无际的河水和辽阔的场地到触手可及的人性尺度的变化。

雾之码头公园使人们得以一窥河对岸的景色和雾中若隐若现的巨大岩石。浪之码头公园把河水银色的水波和裂冰形成的图案应用在水墙和泉水中，配以具有丰富纹理和几何形状的魁北克花岗岩。人之码头公园的主体反映了人类是如何改造和利用自然的理念。风之码头公园将圣劳伦斯的鸟群设计成涡流状的、风一般的雕塑，盘旋在河岸边层状岩丘上，暗示魁北克四季恶劣的气候。

每一个独特而鲜明的景观胜地都利用了当地环境中的材料和诗意氛围，并将这些元素加以放大。它们赞美河水的气势以及雾和风给人们带来的愉悦感觉，这也是对港湾严酷环境和码头地区人们记忆和昔日故事的纪念。而岩丘、木栈道、当地的植被树木、迷雾、浓密的树荫、柔和的光线和水中的倒影，也使得这里本就丰富的氛围和层状纹理更为充满艺术和文化气息。

## 七、整体性与网络性

城市滨水区规划和设计的目标是经济、社会和环境价值的实现。城市滨水空间是城市整体开放空间的一部分，在考虑城市滨水空间时不应仅仅局限于滨水空间本身，而应考虑与城市整体开放空间的衔接，共同构成城市开放空间系统。

普罗维登斯由许多特色各异的区域构成。住宅区居高临下，可以俯瞰河谷和海湾，位于较低处的是滨水区域、工业区和商业区。州际高速公路和铁路线从城区穿过，将各个城区与中心城区、滨水区之间完全分割开。在过去的几年里，每个区域都进行了一些沿滨水区的规划设计，但是没有考虑到整体之间的联系。一些新的设计常常超越区域的界限，因而引发了一些问题。纳拉干码头区内多年来的各种活动使得这里污染严重，一些非滨水区域也处于废弃状态。近年来普罗维登斯已经经历了若干次的城市规划设计，但每次都只针对某一个特定的小区域，所做的只不过是一些拼接工作，缺乏对整个城市尺度系统性的考虑。

新的普罗维登斯2020年城市规划提供了一个非常灵活的框架，预见并融合了公众与个人，公共机构与非营利机构的合作。方案的主要方式是连接市中心周边区域与滨水区，通过道路和滨水散步道将河谷与海湾连接起来。一条蜿蜒的滨水林荫大道穿过城市中心的各个区域以及这些区域的公园。新滨水公园的分布结构将使得附近的每个区域和住宅区的人们能够享受到休闲娱乐。设计师利用195号州际公路改道的机会，创造了一个由新街道、公园和经济发展区域的无缝模式，并强调与水岸的联系。

居民对城市的体验并非是一个个的片段式的，而是连续的，呈现出系统性的

一条由蜿蜒的滨水林荫大道串联起的普罗维登斯开放空间。

水岸智城、魅力木兰——一条充满文化气质和休闲品质的活力走廊。

感知。城市公共开放空间设计同样也应呈现出系统性，城市滨水空间作为公共空间的一个子系统，规划设计的目标应从更大的城市开放空间系统角度出发。

## 八、城市的雄心

对于一个城市来说，要提高自身的竞争力，实现期望的城市功能和地位，就必须选择一个最适合发挥城市特色的空间形态。而城市滨水区由于其区位、环境和资源的稀缺性，成为城市发展中最为关键的因素之一。城市滨水空间往往被城市寄予振兴经济、促进就业、创造发展契机、增强城市竞争力的厚望。

如果说社会的飞速发展给城市滨水区的开发提供了契机，那么开发所带来的极大商业价值则是这一开发得以蓬勃发展的内在动力。一项成功的滨水区开发工程，在赋予崭新用途的同时，往往能为政府增加税收、为社会增加就业岗位和促进新的投资，并获得良好的城市形象，进而带动城市其他地区的发展。美国的巴尔的摩港便是一个公认的成功例子。

巴尔的摩市是美国较为古老的工业城市，是美国最大的港口城市之一。内港是巴尔的摩市的城市发源地，是城市历史资源的核心。自建港以来至20世纪初一直是巴尔的摩市的商业活动中心。然而自20世纪开始，大吨位货轮开始抛弃内港转而停泊在下游海港码头，内港的重要性日趋削弱。二战后，随着中产阶级向郊区迁移，市中心开始衰弱，到20世纪50年代末期，巴尔的摩市的市中心被完全废弃。内港的复兴与巴尔的摩市中心区的复兴密切相关。内港复兴计划基本遵循“推到一切，重新再来”的原则。最终这里建成了一个拥有40万平方米的零售店、300幢公寓和旅馆、科学博物馆及水族馆的综合游憩娱乐商业区。据巴尔的摩开发公司数据显示，仅1990年就有700万游客光顾内港，消费高达8亿美元。另外，据统计，20世纪80年代中期，港口广场一年吸引的游客和居民高达1800万人。查尔斯中心与内港合在一起，一年创造的房地产税收高达2500万美元至3500万美元，创造的新职位达3万个。[61]今天的内港是巴尔的摩市的重要经济活动区，同时也是人们接触自然、休闲娱乐的中心。巴尔的摩内港开发的巨大成功成为了世界范围内城市滨水区开发的典范。

随着社会经济结构的发展变化，大部分城市的滨水地区逐步由原来的以第二产业为主导向以第三产业为主导的发展模式转变，且随着第三产业的规模日益壮大，其对选址、配套、环境等有了新的要求。各种大型服务、金融机构更加关注信息区位，即所在的位置要便于他们发布和接受各种消息及对子公司的指令。同时这些机构对自己的品牌形象的关注在物质空间上则体现为良好的周边景观人文环境以及造型新颖时髦的建筑。城市滨水区的环境及对城市形象的展示潜力则恰好满足了这些新的要求，成为了第三产业的聚集地。世界顶级的商业金融中心无不处于城市的滨水区域：密歇根湖边的芝加哥CBD、查尔斯和米斯蒂克两河河口的波士顿

CBD、哈德逊河边的曼哈顿CBD……

在上海的产业转型进程中，陆家嘴金融贸易区的发展便是这个进程重要的一个环节。上海是当今世界上发展最快的城市之一，正在进行许多大型水岸项目的开发。百余年来上海黄浦江两岸作为经济中心、工业基地、能源供给基地，在城市经济和社会中发挥着重要作用。随着城市产业结构调整，工厂厂房和老港区功能向外迁移，第三产业的蓬勃发展，致使黄浦江两岸的城市功能大幅度转换。其最具代表性的就是陆家嘴金融贸易区和外滩滨水区。陆家嘴金融贸易区位于浦东新区黄浦江畔，面对上海外滩，是中国首个国家级金融开发区。目前有多家外资金融机构在陆家嘴设立办事处，当中经营人民币业务的包括汇丰银行、花旗银行、渣打银行、东亚银行等。东方明珠塔、金茂大厦、环球金融中心等地标建筑共同构成了陆家嘴跻身于世界级金融中心的现代形象。对岸的上海外滩则混合居住、工作、文化、休闲和旅游多种功能，激发地区活力。沿江建筑风格多样，包括了哥特式、罗马式、巴洛克式、中西合璧式等52幢各历史时期风格，被称为“万国建筑博览群”。

## 九、复旧纳新——上海外滩滨水区城市设计

外滩与上海，你侬我侬，相依相偎。百余年前，此地处县城以外，泥滩一片，故此得名“外滩”，污河交错，茅屋遍野，类乎“乡下”。后来泥滩上建了第一座洋房，再后来，泥滩变成了如今的外滩，建筑是西洋的，背景是东方的。百余年间，外滩几经浮沉，不断找寻着自己的身份，历经了多次的改造，在变与不变中印刻城市发展的足迹。世博前夕，外滩新貌撩纱示人，洗却浓妆作淡妆，黄浦江再现昔日原貌，新外滩又筑今日新颜。

新外滩改造历时两年有余，原有风景区范围也有所调整，向南从新开河延伸至东门路，向西延伸至中山东一路和中山东二路西侧人行道。其中，十六铺游览码头等重点区域悉数纳入外滩滨水区，从而使外滩滨水区域的管理长度达到2.6公里。

此次改造方案由美国波士顿CKS建筑事务所设计。哈佛大学教授设计师阿里

黄浦江再现昔日原貌，新外滩又筑今日新颜。

克斯·奎戈( Alex Krieger )被老上海滩的照片深深吸引，昔日水滨与城市之间呈“垂直联系”，时而是船坞和码头，时而是桥梁和跳板，建筑与江水裙带相连，交相辉映。设计团队由此出发，以简驭繁，唤回城市与水域之间的动感，复原20世纪外滩旧貌，凤凰涅槃，重获新生。

实现外滩复旧如初的基础是改造交通空间。交通通畅助力城市发展，却阻隔水滨之联，10车道的中山东路与消极的绿化空间将黄浦江水与城市腹地拦腰截断，防洪空箱与街道之间的高差让急于饱览江景的人们费尽周折。改造的第一步即拆除“亚洲第一湾”延安高架外滩下匝道，彻底解放“外滩第一楼”亚细亚大楼等老建筑，并以气象信号台为中心形成广场，展示外滩历史变迁。缩减10车道为4车道，建设外滩地下快速通道，拆除吴淞路闸桥，这一核心工程让川流不息的外滩终于可以休养生息，静候宾朋，以超然之态诉说风云变幻。在道路与滨江步行道之间，利用外滩空箱和现有路径设计了一系列步行天桥，游人可先睹浦东之景为快；绿荫缓坡，游人可体曲径通江之妙；坡道空间，游人可解购物休憩之需。此举使得水滨与城市直接对话，于南北两向加强了苏州河北面的黄浦江沿岸、十六铺以及老城厢之间的联系。

外滩超群拔类之处在于它独异于人的遗风余韵，为恢复20世纪原貌，外白渡桥整体迁移大修，白日钢铁铆钉，摩登十足；夜晚灯明水映，绚烂迷人，外滩的异域风情便从这里开始。滨江步行道承载着游人的回忆，记录了恋人的甜蜜，改造后的步行道更加简洁高雅，昔日的“情人墙”由栏杆取代，围合出一系列半圆空间，对对情侣相依相偎，新景怡人情意缠绵，往日甜蜜重现，今日浪漫长存。此外，步行道上的人民英雄纪念碑、陈毅雕像、黄浦公园、外滩源绿地和天文台等文化遗产被完好留存，同时其周围品质得以提升。

外滩独特的风韵景致源于其兼收并蓄，融会贯通。东西文化，新旧思想在此碰撞出专属外滩的火花，成就外滩之美名。正因如此，此次改造不仅要保留精华景观，还要重构城市空间。新外滩一改往日的单调乏味，六段独具特色的空间为其增趣添色。由北至南，新黄浦公园、南京路口庭院空间、南京路到福州路林荫大道、林荫大道以南绿草如茵的缓坡、浮岛公园以及新景观塔组成连续的绿色系统，北至苏州河沿岸，南至十六铺码头和上海老城。除此之外，四大主题广场也成为新外滩点睛之笔，黄浦公园广场拆除了大门和围墙，堪称外滩绿肺；陈毅广场规模扩充，浦江两岸建筑群落一览无余；金融广场标志雕塑“上海金融牛”彰显活力，场地宽阔适宜举办各类节庆活动；气象台广场展示历史记忆和文化变迁。

新外滩以其对城市历史文化底蕴的尊重而彰显功力，以其对怡性养情水滨风韵的雕琢而激荡人心，为上海更添一份舒适惬意和神韵温馨，十里洋场上海外滩注定将续写辉煌。

## 十、三省其身——查尔斯河滨河走廊

波士顿在美利坚久有古名且背倚高地、傍海依湾，景色之盛自是缤纷簇锦，但是波士顿最迷人的去处当数查尔斯河（Charles River）。查尔斯河是美国马萨诸塞州（Massachusetts）的一条内河，起于马州东部霍普金顿镇的回声湖，蜿蜒流经二十余个市镇，129公里，至波士顿奔腾汇海入洋。查尔斯河在波士顿的入海处拓流最阔，此处也是查尔斯河极尽繁华之所，两岸景致频现，四时况貌颇不同，其中尤以查尔斯河滨河走廊最为壮美。

查尔斯河滨河走廊( Charles River Esplanade )初建于1903年至1910年间，当时只是将河流沿岸填土塞流筑成一道人造堤坝，并在堤坝和后街( Back Street )之间形成了一处公共绿地，可供游人循海滨游冶。该处于1935年进行了首次修葺，由于高墙石坝垂拱直成从而限制了游人的泛舟之乐，美国大都会城区委员会( Metropolitan District Commision )决定拓展公共绿地，并将垂直的坝体改为缓坡并于其上铺以砾石。景观设计师阿瑟·舒克利夫( Arthur Shurcliff )负责设计河岸，他在这个延展出来的滨河带上铺置了笔直通达的路径和可供俯瞰的景观，颇为中规中矩，并配置了登船浮台以应不时之需。此处因循规矩而略显呆板，为了使其活泼自然，设计师植入了大批树木，从此堤坝上绿树成荫碧草如茵。走廊隔开主流，于堤坝的外部形成斯多柔湖( Storrow Lagoon )，溪流湖水得以利用，逐渐增加了泛舟、滑冰和供儿童水中嬉戏的娱乐项目。

1950年，查尔斯河滨河走廊借修建斯多柔大道( Storrow Drive )之际再度修葺，阿瑟·舒克利夫一并再次受命进行景观设计。这一次，他将设计范围扩展到从波士顿大学桥( Boston University Bridge )至查尔斯河大坝( Charles River Dam )的整个海岸，并增建一些船坞和滑冰休息室。1997年，美国大都会城区委员会开始着手进行

查尔斯河蜿蜒流宕二十余个镇，几经修复，神貌俱完，成就了以人为本的滨河走廊。

查尔斯河流域总体规划(Charles River Basin Master Plan),查尔斯河滨河走廊的修复与重建又是其中的重要内容之一。此番城区委员会审时度势,以全新的视角明确问题,扬精去粕逐个击破。一方面遵循优良传统继续绿化,但却不思维僵化行动拘泥,比如鉴于某些地段行人频至导致该处绿地寸草难生,于是便在此处尽除杂草代之以砂石铺地;另一方面保护自然又兼顾民生,比如该地域的嗨曲壳(Hatch Shell)椭圆音乐台的周边不但居民饱经噪声之苦,而且地域植被颇遭践踏,民生及自然同受其害。城区委员会于是控制该处音乐演出的范畴及性质,以保护土壤地质并使居民远离噪声。该项目拓宽了滨河道路,减缓了交通拥挤,并撤去草地上的石凳,移至路边供行人休憩;同时为安全考虑,在公共空间活动场所设置步行区域,配标志标示并强制管理,将行人与进行轮滑、极限飞车等运动的人们隔离开来。更具趣味的是,该州法律规定该处遛宠物的绳索长不可过7英尺,以防狗与行人及运动者缠绕冲突,产生危险。为保护当地水文,该项目禁止大型船只的租用,并使湖泊只用于非机动船只、航海船模及儿童嬉戏等娱乐项目,修复并巩固登船浮台等历史遗迹。

查尔斯河滨河走廊建成至今已逾百年,经规划者三省其身,从最初的头角崭然到绿意盎然,再到形容展然,最后神貌俱完,其修缮观念经此三度变迁,并未泥古不化僵从旧训,反而愈加以过往为鉴,以通权达变之行,成就了这个以人为本的滨河走廊。

## 第四节　街道——生活的画卷

你们若恰好路经查令十字街84号,代我献上一吻,我亏欠它良多……

——海莲·汉芙(Helene Hanff)

《查令十字街84号》(84, Charing Cross Road),这本被誉为“爱书人圣经”的书,被译成数十种文字广为流传,除此之外还有据此改编的同名电影。

这本深得读者眷顾的书记录了纽约女作家海莲和一家伦敦旧书店之间的千里书缘。二战之后的美国纽约，女作家海莲·汉芙居家清苦却求书若渴，尤其向往英国文学，于是她开始给位于伦敦查令十字街84号的马克思和科恩书店写信购书，由此便有了这一段令人称奇的书信来往。

缘分起于1949年10月5号，此后二十年间海莲和马克思和科恩书店的经理弗兰克的通信从未间断。期间弗兰克每每应海莲之求遍寻书籍，尽心尽力尽如人意。当时战后英国物资紧张，海莲感念其诚，于是常邮寄各种食品略尽绵薄谢意。一来二去，弗兰克的妻子、孩子、书店的老板、店员们甚至书店的邻居都逐渐熟悉、喜欢上了海莲，并加入到与她通信的行列中。

他们在信中谈论书籍文学、感触思考、喜悦忧伤，他们的友谊跨海越洋，但是那时的海莲却因生活困顿而未能去伦敦与这些朋友会面。1969年1月8日，海莲收到了马克思和科恩书店秘书的回信，信中告知，前经理弗兰克·德尔先生于前一年

将城市功能及室外活动场所与街道相结合——生活让城市街道更精彩。

十二月底去世了。

最终，海莲来到了这家书店，尽管斯人已不再，但她写信对她的好友凯瑟琳说："你们若恰好路经查令十字街84号，代我献上一吻，我亏欠它良多……"

如今，位于伦敦的查令十字街84号除了门牌尚在外，早已不是当时的书店了。但它已成为伦敦一个知名的文化景点，每年吸引着世界各地大量的爱书人慕名前往一窥究竟，就如同"贝克街221号B座"，吸引着世界各地的福尔摩斯迷们一样。

"有时候，你总是选择去往某几条街道，你在那里出现的几率比在其他街道要高。你这么做，也许并不仅仅是因为想做的事情总是集中在这几条街道上；或者即便如此，你的生活图景确实总是在某些街道上展开，其起因却不见得一定是出于经济或效率方面的考虑。也许一条特别的街道会开启记忆的闸门，或者给人以同赏心悦目之事不期而遇的渴望，再或者，你在这里漫步，更容易碰见一些熟识的或陌生的人；街道带来了那么多偶然的机遇。"[62]阿兰·B.雅各布斯在《伟大的街道》一书中这样描述着街道。不难理解，街道作为城市外部空间的一种基本形式，它是展现人们城市生活图景的主要场所，而街道空间的品质也将直接关乎人们生活的品质。就如同查令十字街84号一样，吸引人的除了街道本身以外，更多的是其背后的故事。

在城市公共空间的整体系统中，街道空间不仅是与人们生活关联最为紧密的，同时也是对城市其他公共空间起着连接性作用的线性空间。这里的街道不包含高速公路、收费道路和公共道路等这类以快速交通功能为主的道路，而是指那些与人们平日生活密切相关，为人们提供户外活动场所的空间形式。

街道是城市最为公众化的公共空间之一，也是一个城市体现时代潮流变换的符号。一条具有活力和文化气息的街道能给一个城市带来繁荣的经济和良好的社会效益，除了街道自身商业所带来的价值外，其对周边土地价值、城市区域开发、甚至整个城市品牌有着深远的影响。最为典型的莫过于以时尚、大气、高品质著称的美国纽约第五大道；以文化、情调、金碧辉煌为特色的法国巴黎香榭丽舍大街；展现英国人古典、优雅的伦敦牛津街和具有魅力、活力的日本京都新宿大街；另外的还有北京的王府井大街、日本的名古屋久屋大道、杭州的西湖名品街等。这些伟大的街道在展现自身文化与历史积淀的同时，也吸引了来自世界各地的游客，为城市带来了可持续的经济、文化和社会效益。

## 一、街道所扮演的多重角色

Street一词来自拉丁词根Strat，表示拉伸的、展开的、层等含义，有着“街”与“道”两层含义。可见，街道并不是简单地满足交通与运输功能的城市空间，也不是埋着给排水管或电缆等市政设施的线性物理空间，街道在人们的城市生活中扮演着多重角色，它不仅为人们提供了走出室内的室外活动场所，同时也是人们社会交往与商业活动的主要聚集空间，街道也常常成为人们政治活动的主要场所，是一个城市魅力的具体体现，它是城市建设的焦点。

### 1. 人们户外活动的基本场所

自人类直立行走以来，步行便是人类最基本的行为方式之一。人类的祖先在寻找食物和生存资源的活动中开始了最早的穿越空间的行为。在思索穿越过空间

街道与人们日常生活紧密相连。

的感受时步行成为了人类最原始的美学行为：在混乱中踏入领地；为建造有方位的物体——房屋寻求秩序。[63]而承担人类步行活动的最基本的室外空间便是街道空间，可见，街道空间是满足人类户外活动的最基本场所，街道的美学与人类的美学行为紧密相关。

在现代城市生活里，人们对街道的需求以及对街道空间美学品质的要求更是非常的明显。同时，因为生活在都市里的人们大多并没有私家庭院，而到达公园也需要花上些许时间，因此，街道便是人们走出家门即可享用的公共步行空间，为人们提供了户外停留的场所。若是来到希腊或者意大利，便会深刻地体会到这一点。希腊或是意大利的住宅建筑都是以石砌为主流的，由于建筑多是直接面向街道修建的，并没有前院或者自家的花园，因此，走出家门就是公用的街道空间，街道的宽窄与弯曲完全由两边的建筑所决定，在略为宽敞的地方，便是人们聊天、乘凉、停留的空间，街道也因此充满生活的气息。再如，游览宏村或者同里便会发现，在这些被保留下来的古村落里，在一条条狭窄的里弄里，人们依然习惯于在自家门前洗菜、

街道是邻里之间交往的重要场所。

交谈、纳凉。在那里，街道空间是与人们日常生活最为亲密的户外公共空间。

**2. 社交与商业活动的空间**

街道的发展与人们的社交活动以及商业活动是密切相关的，我国古代城市街道的发展早在周代的《周礼·考工记》中就有所记载："匠人营国，方九里，旁三门，国中九经九纬，经涂九轨，左祖右社，前朝后市，市朝一夫。"其中描述了古代城市九条直街和九条横街的空间格局。随着城市规模的扩大，统治者为了便于管理，开始采用棋盘式的路网结构，划分出大小相同的坊里，并集中设置了"市"。这里的"市"就是人们最初进行商业活动和社会交往的场所空间，便是街道最初的形式。

而到了宋代，随着城市的进一步发展，曾经的坊里和市肆被彻底废除，坊墙也被取消，街坊便完全面向街道，而街道两边林立的各种店铺，就形成了熙熙攘攘的商业街。宋代张择端的《清明上河图》描绘了一幅热闹非凡、充满活力的街道景象，图中我们可以看到张灯结彩的店面、融入街道空间的街头茶社以及人们品茶聊天买卖交易的场景。如今在各个城市都能看到的商业步行街更是深受人们喜爱，创造了富有活力的空间形式。

正如马歇尔·伯曼所言："街道的主要目的是社交性，这赋予其特色：人们来到这里观察别人，也被别人观察，并且相互交流见解，没有任何不可告人的目的，没有贪欲和竞争，而目标最终在于活动本身……。"[64]街道的特色正在于其通过宜人的步行空间营造出了适合人们社会交往的活动空间。

**3. 政治活动的空间**

街道也会成为人们政治活动的空间。街道的公共属性决定了其平等、自由的空间特性，在街道空间内，穷人与富人享有同样的服务机会，也因此，街道常成为示威、抗议游行等政治活动的场所。欧洲中世纪时期，城市广场只是街道的扩展，而广场的设置正是为了满足宗教活动和政治活动等集会活动的需要。马歇尔·伯曼（Marshall Berman）在他的著作《一切坚固的东西都烟消云散了》（All That Is Solid Melts into Air）中对涅夫斯基大道（Nevsky Prospekt）有着这样的描述："政府可以监视街道，但是它无法促成该地区的活动与人之间互动的发生。因此当涅夫斯基大道以一种自由区域的姿态出现时，各种社会与政治力量则会自发性地展开……在

商业街创造了富有活力的空间形式。

转瞬之间，彼得斯堡人就可以在街道上感受到政治冲突的气息。这些街道也就成了政治空间。”[65]书中，作者将街道看做是人们个人生活与政治生活的交会之处。回忆以往在世界各国发生的示威游行活动，大多发生在公共场所，尤其是在街道上，人们正是通过这样的方式，在平等共有的空间内保护着自己的权益。

**4. 城市建设的焦点**

街道空间作为城市公共空间的重要组成部分，它是由各种建筑实体以多种形式限定围合而成的。建筑的形式、尺度以及围合方式直接影响着人们对街道的视觉感受，更是影响着整个城市的形态。这也是城市设计与建设过程中关注的重点之一。19世纪末，法国人就是将街道作为城市设计的焦点，并且制定了严格的建筑规章制度，以确保城市整体的协调，也因此产生了那些法国最美丽的街道。在现代的城市设计与建设过程中，街道常被作为组织城市内部空间的景观轴线，展现城市的

街道空间是人们日常生活最为亲密的户外公共空间。

整体面貌或区域的特色风格，承载着当地居民的各种文化活动。

由于在城市生活中，街道扮演着多重角色，并且占用了大量的城市土地，因此对街道空间品质的追求很大程度上反映着城市的追求与品质。可以说，对于街道的设计与建设是一座城市富有魅力的前提。如果城市的街道在设计与改造中愈发具有魅力，表现出具有公共社区感的场所精神，那么它也将为周边的地块带来积极的影响。因此，对于街道的良好设计相当于直接成功地设计好了三分之一的城市。

街道空间由各种建筑实体以多种形式限定围合而成。

## 二、打造迷人的城市街道

### 1. 营造舒适的步行空间

步行是人们交往与活动最基本的行为方式。步行的时候，人们可以看到迎面走来的路人的面孔与体态，可以看到不同年龄、不同装扮的形形色色的路人，偶尔或许会遇见一两位熟悉的朋友或者会发生意想不到的故事，这一切都可以使人感受到置身人群中的乐趣。也正是这种最简单的行为方式使人们充分地融入到城市环境中。街道的迷人之处正是它为人们提供了走出家门便可享用的户外步行空间。因此，具有舒适的步行空间便是城市街道具有迷人魅力的必要前提。

怎样的步行空间才算舒适的呢？舒适的步行空间可以满足人们随心所欲的步行需求，使人们可以采用各种步行速度，随意自由地前行，因此它既不能过于拥挤也不能令人感到孤单。同时，步行空间还必须带给行人足够的安全感，远离机动车辆的威胁。无论你来到任一个城市，每一条令人迷恋的美好街道无不为行人营造了悠然自得、舒适惬意的步行环境。

因此，如何确定街道人行空间的比重便是城市街道空间设计需要考究的问题之一。由于人行空间很难像机动车道有明确的尺寸，人们因散步的原因、步行习惯的不同以及人行道上人流量的多少和街道的特性不同，均会影响到人行道的宽度。《伟大的街道》一书中有这样的结论可供城市街道空间设计做参考：在人行道上，每分钟、每米的宽度上通行3个到4个人是不会感到拥挤的；如果人数少于2人，街道就会令人感觉到空旷。而直到每分钟、每米的宽度上通行人数达到8个人，在这一数值区间内人们都可以随心所欲的采用任何的步速。随着人数继续增加，闲适的步行仍然还是可以实现的，而拥挤的感觉大约是从每分钟、每米通过的人数超过13人

舒适的步行空间是城市街道具有迷人魅力的前提。

开始出现的，在此之后，整个街道的通行速度都会下降。[66]可见，街道的宽度应当由行走的人流量决定，因此设计与建设前对街道空间行走的人流量的估算是尤为重要的。

街道步行空间的舒适度也体现在气候环境的舒适度上。我们知道，总有一些街道是让人感到非常舒适的，在阴冷的冬季，那里会有温暖的阳光；而到了炎热的夏季，那里会有凉爽的清风和浓密的树阴。那些街道总是和当地的自然环境相结合，给人以合适的保护。

由于与气候相关的舒适度指标是可以经过测量而进行评估的，因此，我们是有能力对当地的气候环境进行评估，从而指导街道的空间设计，营造舒适宜人的步行环境。

2.街道的美学

一个迷人的街道不仅为人们提供了舒适的步行空间，同时也给观赏者带来了音乐般美妙的感受。这是因为，街道的空间构图是赋有韵律感和节奏感的，人们行走于街道中会体验到连续的视点变换，使人们感受到街道空间的丰富动人。难以想象数幢相同高度的建筑在街道两侧一字展开是多么的单调乏味。

尺度和界面是构成街道空间的两个主要的空间要素，具有人性化尺度和连续界面的街道空间可以形成美好的画面，从而激发人们潜在的活动欲望，使人们在其中停留更长的时间。

充满活力的街道空间通常都是有着人性化尺度的，良好的尺度感可以使人们感到心理舒适。当观察者视线与街道平行方向成30° 夹角向街道对侧张望，观察者

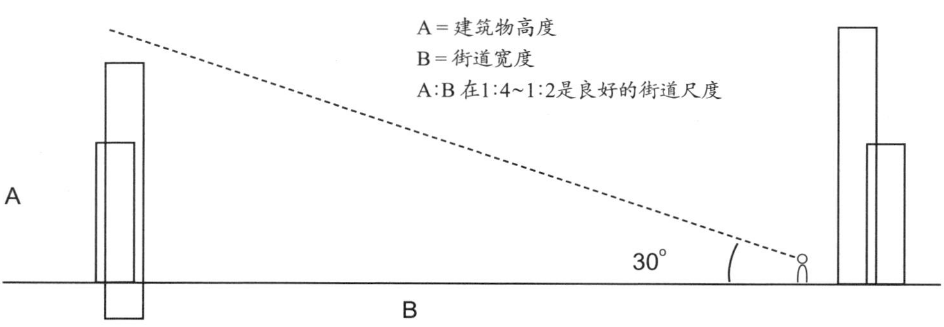

视觉焦点处建筑物体的垂直高度与二者之间的水平距离之比，至少要不低于1:4的情况下，沿街建筑本身才大体可以提供一种边界限定的感觉。当这个比值达到1:3.3的时候这种限定就无时不引人注意了，而当这个比值达到1:2的时候，这种感觉可以说就非常强烈了。随着这个比值渐渐缩小，小到1:5以下的时候，人们就不会再有置身于街道之中的感觉了。[67]我们可以认为，良好的街道尺度为建筑高度与街道宽度的比例在1:4~1:2之间，而1:4也正是马尔藤斯和布鲁门菲尔德提出的"人类尺度"。

而连续的街道界面可以使街道空间具有强烈的内聚力，给人视觉上的稳定感，使行走于街道中的人们具有愉快、安全的感觉。而不连续的街道界面给人的感觉却是恰恰相反的，芦原义信在《街道的美学》中写道："穿过人工的不连续环境，无论如何也是令人讨厌的。"连续的街道界面在商业步行街中显得尤为重要，它可以引导人们行为的连续性，使人们在行走的过程中选择性购物，使这个街道富有活力。连续的街道所具有的韵律感主要体现在街道功能的多样性以及建筑风格的多样性上。街道功能的多样性能够满足人们多种需求，使人们的街道生活有更多的选择，也能满足人们不同时段的活动需求，使街道中人流不息，富有活力。而建筑风格的多样性将会带来一定的对比与秩序，给人们不同的视觉效果，有着释放情感、刺激反应和激发想象的作用。尤其是当现代建筑与历史建筑能够和谐共处时，街道的界面将是极富韵律感的，也会因此打造出具有魅力的城市空间。

**3. 多样性赋予街道活力**

丰富而多样的街道功能是城市街道充满活力的一个必要前提，而街道的功能主要是由街道两侧土地的使用状况决定的，因此沿街土地的使用状况直接影响着街道空间的品质。它对沿街建筑的功能、形态、交通以及人流组织都起着重要的决定作用。在土地利用上，街道功能的多样性主要体现在沿街土地的混合使用上，在某一地段中，各种土地用途的合理交织会使街道中各相关功能之间具有互相补充的关系，避免出现大面积单一功能用地，同时土地的混合使用有助于保证不同时间区段街道较高的使用率，使街道中保持人流不息。正如简·雅各布斯所认为，在一条成功的受人喜爱的街道上，在一天内的大多数时间里都必须有人活动，人的活动是

街道的多样性不仅在于其功能，也体现在沿街的建筑上。

街道空间具有活力的一个前提条件。

街道的多样性不仅体现在街道功能上，同时也体现在沿街两侧的建筑上。可以说，街道两侧建筑越多，对街道的贡献越大。对于街道活力的提升若是表现在建筑的多样性上，那么建筑越多，多样性便越突出，这一点是毋庸置疑的。建筑的增多不仅会带来更多富有特色的建筑设计，同时也会有更多的投资者来此投资，这就意味着有更多的人参与到街道空间的营造中来，每一个因素的追加都无疑增进了街道的趣味性。更多的建筑带来更多的业主，促发出各种各样的活动。人、建筑、空间的互动赋予了街道空间更多的活力。一条布满了大大小小的店铺、书店、电影院、茶馆和餐厅等的街道无疑比一座涵盖这些功能的综合大楼更具有生活气息。然而，街道两侧建筑的多样性也要遵循多样统一的原则，绝不可以各自为政，杂乱无章。

时间也是城市街道具有多样性的一个重要因素，建筑与空间是会随着时间逐步积累变化丰富的，人们的活动与空间的文化内涵也会随着时间慢慢沉淀而变得厚重。一条迷人的街道常常会在经历过时光的雕琢后，才慢慢散发出迷人的气息。街道生活的丰富多彩来自人们与街道互动的反应，绝不是一蹴而就便可建成的。

**4. 树木为街道锦上添花**

树木对于街道以及城市作出的极大贡献不仅仅体现在吸收汽车尾气、制造氧气或是投下几缕阴凉这么简单。树木对于街道品质的改变是显著的，人们甚至已经习惯用街道上栽植树木的情况来衡量街道的好坏。树木不仅可以为人们遮风避雨，也可以带给人们内心的平和与安宁。绿色是和谐而温暖的，它让人们感觉到舒适和放松。这正是人们繁忙的工作之余希望感受到的。同时，树木还可以调节强烈的自然光线，行走于斑驳树影之间，伴着虫鸣与鸟叫，人们会感觉到身心舒适与惬意。

树木对于提升街道的品质可以说是最直接有效的方式，尤其是在预算紧张的情况下。许多迷人的街道也正是成就于那些浓密茂盛的树木。而这样的街道在我们的生活中也是不难发现的。上海的复兴中路就是这样一条街道，途经这里的人们总会想要过去走走逛逛，即使目的地并不在这个方向。尤其在烈日炎炎的午后，街道两侧茂盛的梧桐在行人头上形成华盖，这一段路程总是令人倍感清凉。若是有些树下的座椅，也许这里比公园更受人们欢迎。

若是树木排列得足够紧密便会使树干与枝条交织在一起，形成一个屏障，而这个屏障介于人行道与机动车道之间，为行走的人们带来了一道安全的屏障。

街道上树木的选择多是以落叶树种为主的，因为在冬季，落叶树种不会阻挡阳光照射到路面，而在夏季，紧密排列的叶子不仅可以遮阳，还会随风舞动，发出沙沙的响声。然而，也不是所有的街道都会选用落叶树种，罗马卡拉卡拉浴场大街选

树木是提升街道品质的最直接有效的方式。

用的松树、佛罗里达州棕榈海岸(Palm Beach)棕榈滩大道(Palm Beach Boulevard)选用的棕榈，同样令人愉悦。但在大多数时候，落叶树种的美丽总是让人无法抗拒。

最后，要打造一条迷人的城市街道，在具体的设计和施工工艺中还有一些不可忽略的要点：

细部对于街道的设计是一种有效的辅助手段，各种各样的入口、座椅、电话亭、灯饰、铺地、标志以及水景喷泉等，都可以成为打造富有魅力的街道的重要元素。

街灯是强调街道线性特征的一个重要元素，街灯常被固定安装于街道边缘退后一段距离，且固定于灯杆之上，排列成行，因此整齐统一的街灯序列便引导着人们的视线追随着固定的序列，为行人提供一条视觉上跟随的路线。街灯的设计无论是简洁还是繁杂，都能带给人们愉悦。重要的是，街灯的设计要与整条街道的气质相符，并且街灯的设计应当避免过于明亮，以免令行人有睁不开眼睛的感觉。

街灯和铺地也可以为街道增添魅力。

铺地也会为一条街道增添魅力。有着“东方小巴黎”美称的哈尔滨有着一条因沉淀了浓厚的历史文化而著名的商业步行街——中央大街。中央大街的著名之处在于其两侧多样风格的建筑形式及其蕴涵的300多年的文化历史，然而，其光滑的方块花岗石铺砌的路面为这条街道平添的魅力也是不可忽略的。它随这条商业步行街一同经历了100多年时光的洗礼，记录了岁月的痕迹。当人们闲逛于这条大街时，不仅会被两侧包罗万象的巴洛克、文艺复兴等风格的建筑所吸引，同时也会感受到脚下弥漫着的古朴而浪漫的气息。华灯初上，大街光滑的方块石铺地在夜景灯光的映射下将呈现出一丝雍容与华贵，令整条大街魅力十足。

设计师们常常为铺地的样式花费大量心思，在某些特殊的场合，特殊的铺地纹样总会带来意想不到的效果，但是由于特殊的铺地纹样需要花费大量的资金，以及后期维护需要大量的时间和精力，因此多数情况，更建议采用那些熟悉而耐用的材料。

座椅、雕塑、店铺招牌等经过合理的设计都会带给街道积极的影响，然而这些都是以施工和设计的品质为保证的。“品质”是一个不容易说清楚的内容，然而不仅仅是街道，要营造一个好的城市公共空间，对于设计和施工的品质追求都是十分必要的，这关系到施工工艺、材料的选择与运用以及施工质量等问题。我们常常能看到这样的情况，建成的街道投入使用后不久，地面就出现了破裂或大面积塌陷的情况。原因要么是选用的材料不能承载过大的重量，要么是施工中对于地基的处理不够细致平整造成的。城市建设中追求速度而忽略质量的问题更是比比皆是。这给后期的管理和维护带来了很大的困扰，街道的景观也就很难具有持久性。

## 三、德国历史的缩影——菩提树下大街

菩提树下大街位于德国首都柏林中心米特区，它西起勃兰登堡门（Brandenburger Tor）东面的巴黎广场，那里有艺术学院和著名的阿德龙饭店，向东经过宫殿桥和柏林博物馆岛延伸至高耸的柏林电视塔，全长约1500米，宽60米。如今的菩提树下大街虽没有北京长安街的恢弘大气，也没有上海滩南京路的纸醉金迷，然而它却是那么的醇厚平和、古朴厚重。400年时光的磨洗与历史的沉淀，令菩提树下大街显现出一种繁华落尽后的气定神闲。在这条大街上，每一栋建筑物、每一个雕塑甚至是每一块铺路石都隐含着令人荡气回肠的历史故事，整条大街也成了德国历史的缩影，也是欧洲乃至世界著名的街道之一。

早在16世纪时，这里只是一条马车专用道，连接了柏林城市宫和柏林动物园，1674年时，腓特烈大帝下令将这条路加长、拓宽，用来连接皇宫和城门，并在路两旁栽种了椴树和胡桃，大街才有了景观大道的雏形。到了18世纪时，在菩提树下大街

菩提树下大街不仅是商业中心，也是集艺术、文化、商业、行政为一体的景观长廊。

的东段陆续建起了歌剧院、皇家图书馆、圣黑德维希主教教堂以及海因里希王子宫等重要建筑物，大街西段也逐渐繁华起来。到了19世纪，当普鲁士人将拿破仑的军队赶回法国后，腓特烈·威廉三世下令将大街东段建成凯旋大街，此后又在大街华丽的东段和较为保守的西段的连接处，竖起了腓特烈大帝的骑马雕像。至此，菩提树下大街也基本形成了现在的格局。在19世纪时，大街西段首先成为名流和中产阶级的住宅区，并随着1871年德意志帝国的成立迅速转变为一个遍布商店、餐馆和代理机构的活跃的都市商业区。

19世纪初德国大诗人海因里希·海涅站在宫殿桥上曾这样描述到：右侧是巍峨壮观的兵器馆、崭新的卫戍大厅、大学和学院；左侧是皇宫、歌剧院和皇家图书馆。

然而，"二战"中，这条大街被彻底地破坏了，两旁绝大多数的建筑物也遭到了毁坏，路边的树木也荡然无存，整条大街满目疮痍。"二战"后，菩提树下大街得到了重建，现在街道两旁的建筑物大都是按原样重建的，随着1989年柏林墙倒塌，菩提树下大街展现出了全新的面貌。

目前，菩提树下大街不仅是柏林市中心的交通枢纽，也是一条连接了德国许多名胜古迹的传奇性的首都大街，同时也是一条集艺术、文化、商业、交通和行政于一体的景观长廊。

荷兰馆的主题是“快乐街”，代表着一个理想化的城市，展现现代城市生活的合理规划，充分展示荷兰在空间、能源和水利方面的创新。

行走于熙熙攘攘的大街上，早已看不到战争造成的残垣断壁与枪弹痕迹，只会看到过往的游客、精致的餐厅、时尚的咖啡馆、购物长廊和展示着奢侈品的店铺。如今的菩提树下大街是柏林最繁华的林荫大道，漫步于浓密的树木下，人们会感到欧洲独有的浪漫和闲适。尤其到了秋季，街两边四行挺拔的椴树会被金黄色的叶子所遮掩，仿佛金甲侍卫守护着这条古老的文明大道。夏季，浓密的椴树搭建起的城市绿廊一直伸向勃兰登门。

勃兰登门位于菩提树下大街的最西端，它是柏林的城市标志，如同天安门对北京的意义一样。它的故事可以追溯到公元1753年，普鲁士国王费弗里德利希·威廉一世以国家的发祥地“勃兰登”命名了此门，当时的城门仅是用两根巨大的石柱支撑的简陋的石门。后经费弗里德利希·威廉二世的重建，勃兰登门成为了具有雅典古希腊风格的凯旋门式的城门，并在城门的上方添加了乘坐战车的女神青铜雕像，使大门显得更加壮丽辉煌。

勃兰登门与菩提树下大街东端的柏林电视塔作为柏林市重要的标志性节点，很好地限定了菩提树下大街的始端与终端，而大街也以林荫大道的形式将两处节点空间相连，加强了城市的整体意向，同时两处节点空间也成为菩提树下大街行人的视线节点。

勃兰登大门与分布于大街两旁的历史性建筑不仅为整条大街创造了独具特色的街道界面，同时也使大街具有了深厚的历史文化底蕴，是菩提树下大街魅力的根源所在。

最后，不得不提一下菩提树下大街的名字来源。菩提树下大街德文名称为Unter denLinden，字面意为“椴树下大街”，据说椴树在日语中也被称作菩提树，因此，大街也被称为菩提树下大街，这一“美丽的错误”沿用至今。也正因此，人们总会联想到“菩提本无树，明镜亦非台，本来无一物，何处染尘埃”的禅宗境界，菩提树下大街也因此平添了一层让人品咂不尽的玄远禅意。

## 四、永远不会结束的街道——兰布拉大道

想纵览一座城市的概貌，最佳捷径是登高俯瞰；想贴近一座城市的灵魂，最佳选择是认识其代表人物；想了解一座城市的性格，最好的途径莫过于漫步它的广场和街道——想了解巴塞罗那，那就来兰布拉大道。

兰布拉大街逶迤1.8公里，纵横整个老城区，起于市中心的加泰罗尼亚广场，直达海滨的帕乌门广场，并以这个广场为过渡，与横跨港口的海上兰布拉连成一体。“兰布拉”（Rambla）在阿拉伯语中就是“沙子”（raml）的意思。早年，阿拉伯人从地中海登陆巴塞罗那时，这里还是通向大海的天然河道，众多的支流在此汇合，就像如今众多的街道在此交织一样。现在，它已经成为欧洲最著名的林荫大道之一，主要分成5段，其中尤以花卉街和鸟市所在的街段最为闻名遐迩。

兰布拉大街是一个被行人占领的街道。中心地带被林荫道占据，两条狭窄的单行双车道分列两侧。政府严格限制了进入这个区域车辆的数量，车让人在这里是

西班牙诗人费德里戈·加西亚·洛尔卡说：兰布拉大道是“世界上唯一我希望永远不会结束的街道”。

不需提醒的规矩，每一块地砖、植物、花盆都向行车人宣示：在这里行人的权利大于汽车。天气好的时候，周边的酒店、咖啡馆就把座椅摆在中央林荫道，服务生悠闲地游走在商店、车行道和林荫道之间，完全不用顾忌慢悠悠的小车。在已经成为商业区的街道两旁，书报亭、花店、食品亭鳞次栉比，把街道装点得五彩缤纷、生机勃勃。耸立在兰布拉大街附近的各种宫殿古迹、广场市场、剧院博物馆，多得让人目不暇接，云游其中，浑然忘记了时间的流逝。

巴塞罗那人称兰布拉大道为“流浪大街”——兰布拉大街本身就是一出永远也演不完的戏。各路流浪艺人进行各种游艺表演，五花八门的“真人雕塑”沿街林立，吸引着来自各地的游客云集在这里。这些流浪艺人真可谓是抖出百般花样，使

“真人雕塑”沿街林立，吸引着来自各地的游客驻足。

兰布拉大街是一
出永远也演不完的戏。

“流浪大街”——每天都有行为艺术家在此流浪。

尽各种心智：一个拉手风琴的艺人旁围着大大小小、胖胖瘦瘦的几只可爱的猫咪，猫咪穿着衣服，脖子上还挂着奶瓶。更值得一提的是，历史上最大牌的流浪者——来自热那亚的船长哥伦布，就是从巴塞罗那的港口出发，开始了他发现美洲新大陆的远航。在兰布拉东端的帕乌门广场上矗立着哥伦布纪念碑。

也许，这也象征了兰布拉的命运——昔日的河道，如今的街道，有着沧海桑田的巨变。但它依然在流浪，过去引导航海家流浪世界，现在带领人们在生活中流浪，在流浪中了解巴塞罗那。

## 五、“澳洲第一街”——斯旺斯顿大街

在连续数十次被国际人口组织评为“世界上最适合人类居住的城市”的墨尔本，这个国际大都市吸引人们的不只是城市环境（绿化面积超过40%），更是富有活力的城市生活。墨尔本的市中心朴正方直，是一个由九纵九横构成的传统方格网状区域，被称为CAD（Central Activity District）中央活力区，而非人们所熟知的CBD（Central Business District）中央商务区。斯旺斯顿大街正是其中南北纵向的活力主轴，被人们称为“澳洲第一街”。

作为第一街，它拥有与之匹配的一切。墨尔本于1935年刚刚建市，1937年斯旺斯顿大街就建设为该城的商业大道。悠久的历史记载了城市的记忆。维多利亚时代和哥特式的建筑群，带人重温英国贵族旧时在澳洲的风光。现代的、后现代的建筑，则让人感知与时俱进的城市精神。繁华的街道两旁林立着商店、咖啡馆、剧院、教堂，也聚集了城市重要功能的火车站、市政厅、图书馆、城市广场、两所大学，这给街道带来了夜以继日、川流不息的人群。鲜花点缀在茂盛的草木间，婆娑的绿影投射在时髦的精品商店橱窗上，人行道的花盆里挂着的饱含露珠的花篮。近50厘米高、鲜艳的硕大花束，争妍比美出尽风头，优美的环境无愧"花园都市"的美称。雅痞风格的少妇穿梭于各个精品店，急匆匆的上班族擦肩而过，与之形成鲜明对比的是三三两两躺在街头草坪上休息、懒散地坐在座椅上观赏城市景色和繁华的游人，

1937年，旧时的斯旺斯顿大街变成了商业大道。

还有窝在角落专心为路人创作的艺术家。“第一街”诠释的不仅是繁华，也是生活的态度。

在这条大街上，还有一个第一，那就是全世界最发达的电车系统。电车网络四通八达，总长度达到了250公里。整个CAD地区的各条街道几乎都有电车通过，最外围的环线对游人和市民都是免费的。电车作为市政府提倡的公共交通工具，在CAD地区拥有很多特权，如小汽车需要让电车先转弯。也正因如此，在拥有300多万人口，360多万辆小汽车的墨尔本，在CAD地区还能保证公共空间的环境和步行质量。电车本身也是墨尔本的一条亮丽风景线。最初的车身是清一色的墨绿，此刻已经与时代接轨，变得花团锦簇，还成了艺术家和广告商的骄子。电车停靠站有简单的标示牌，搭乘时，从后面上车，在车上购票。下车时，按铃就靠站下车。电车餐

骑兵、人、汽车、电车、维多利亚式建筑、现代建筑——历史和时代在这里汇集。

街头雕塑展现了这个城市浓厚的人文气息。

厅也是市民和游人的最爱，一边享受美食一边欣赏在墨尔本的美景，需要提前一个月才能预定到座位。电车叮叮当当的铃声，穿越了时空。发达的公共交通体系和政府规划管理对其支持倡导，才维持了“澳洲第一街”，不使其沦落为被汽车占据的道路。

这就是墨尔本，一个典雅格致的城市花园；这就是斯旺斯顿大街，闹市中的悠闲惬意的“澳洲第一街”。它如春柳般触动着人们心底的温柔，让你不由自主的放松了神色，爱上了这座城市和它的街道。

## 六、“欧洲最长的步行街”——哥本哈根斯特勒格大街

哥本哈根的步行系统是智慧、恒心、理想和经验的集合体。

——扬·盖尔

2009年，“拯救世界的最后一次机会”的气候大会在哥本哈根举行，呼吁全人类采用低碳生活，抵抗全球气候变化。哥本哈根对自身城市的拯救却早已开始。二战以后，哥本哈根也如其他城市一样，被汽车占据，城市生活岌岌可危。20世纪60年代，步行系统的建设被列入城市议题。斯特勒格大街( Storget Street )在1962年改造成为一条全长1.6公里，号称欧洲最长的步行街。在其改造之前，甚至有很多人反对将它改造成步行街，怕失去已有的人气和商业价值。而事实证明它的人气和商业价值更胜从前。改造中的最大改变是将原本汽车拥挤的斯特勒格变成能惬意行走的步行街，并且逐渐开辟了更多的步行街道与之衔接，也有更多的机动车停车场被改造成市民广场。有些道路和广场的铺地上有了新设计，但还是延续着传统风格。两侧建筑都很好地保留着原来的风貌，在街道使用变化下，也引发了商业活动的变

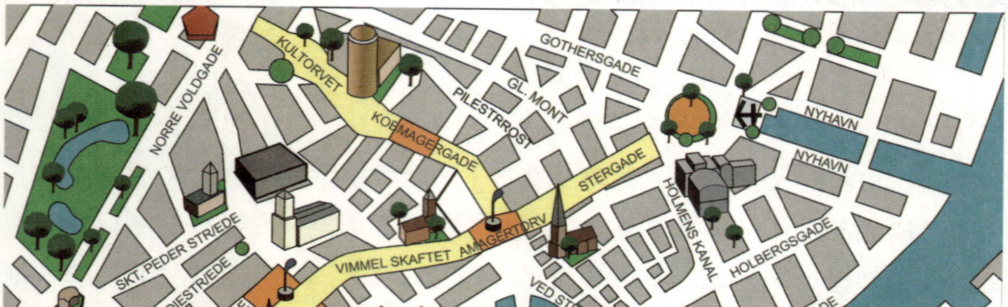


哥本哈根斯特勒格大街平面图。

斯特勒格大街号称欧洲最长的步行街。

化，进而引发了建筑底层的商店、餐馆等的变迁。比如，随着人们对户外街道的喜爱，而增加了许多有户外咖啡座的餐厅；随着旅游者的增加有了很多纪念品商店……步行拯救了哥本哈根，使其成为地球上最适宜生活的城市之一。

在斯特勒格大街改造成步行街后的40年中，城市中心区步行网络和步行环境都在不断完善。到1996年，禁止机动车进入的街道发展到5条，禁止机动车进入的面积达到9.6万平方米，是1962年面积的6倍，同时中心区内其他街道和小巷也对机动车进行了限制，鼓励步行和自行车交通。由于小街道没有主要步行街的拥挤，因此也得到了步行者的青睐，最终在整个中心区1平方公里的区域内成形了由20多条步行街和小巷织成

道路有了新设计，两侧建筑都还保留了原来的风貌。

城市中心的步行街区已经成为新兴的文化载体。

的限制机动车交通的步行网络。值得注意的是，在哥本哈根中心区步行网络中，步行街并不是唯一的构成元素，在禁止机动车通行区域中，步行街道面积为三分之一，另外三分之二是城市广场。按照著名城市设计专家扬·盖尔的理论，只有必要性活动是在点到点的线性空间内完成的，而自发性活动或社会性活动的发生较随意，有很强的不确定性，城市空间的设计必须为这种不确定性提供可能。一般意义的步行街与其他城市道路相比虽然已经发生了质的变化，但使人们驻足于场所中才是催生更多社会性活动的关键。因此，在步行网络形成之后，城市广场的增加成了最重要的内容。每年，都有汽车停车场被改造为步行广场，这些线性街道和点状的广场形成了收放有序的“动——静”、“行——停”的生动变化的步行街区网络，为市民提供了多彩的活动空间。

最初斯特勒格大街改造的目的是形成商业步行街，两边的建筑多是商店，人们来到这里的目的只有一个——购物。但在随后的十几年中，随着社会的变化，人们对城市空间有了更多的需求。据当地报纸报道，城市中心的步行街区已经成为了新兴城市文化的载体，是人们信息、物质文化交换的中心，是“城市最大的公共舞台”。丹麦皇家艺术建筑学院的研究表明，在哥本哈根步行街区中，“步行”已经不仅仅是人们出行的需要，“停留”等非步行的城市公共活动在日益增加。在随后的近30年中，非购物需求的人们在街区中翻了几番，不同年龄、职业、阶层的市民都来这里寻找适合自己的活动。例如，咖啡座的普及成为静态活动的主要内容。目前，在步行街区中大约有5000个咖啡座位，形成了新兴的丹麦至北欧文化——咖啡文化。随着步行空间质量的不断完善，各种文艺活动也逐步增多。有街头音乐家的小型演唱会，街头艺术家的各种艺术展示，也有节假日的大型集会演出，每年还会举行固定的“文化之夜”、“哥本哈根爵士节”活动。

## 七、梦幻小街——温泉街

在美国规划协会（American Planning Association，APA）评比出的“2010年美国最受欢迎街道”中，来自阿肯色州Eureka Springs的温泉街荣膺榜首。当地市长说：“在温泉街，人们都会停下，微笑，然后开怀大笑。”Eureka Springs就是一个梦幻的城市——1987年未经规划建市，地底是拥有理疗功能的矿物质温泉。温泉街就是位于这个山地城市上的山地小街，它穿越了城市的商业区和生活区，也穿越了自然和历史。

温泉街的梦幻首先来自于街道景观和自然浑然一体。虽然没有经过规划，但是五个温泉有序地沿着温泉街排列，成为特色各不相同小公园，是市民生活聚集的公共场所。温泉街和Eureka Springs其他的街道一样，都是按照原有地形修建。温泉街在山崖上蜿蜒延绵，在每个转角处，都有一幅动人的景观，不是巍峨的群山就是富有艺术气息的雕像。整体地势西高东低，温泉街因势利导，西侧的建筑插入山崖，东侧建筑主体则低于界面，顶层与街道在同一平面，是入户通道。这是在别处都很难看到的街道。

温泉街的另一个梦幻之处，就是它能够带人穿越时空，寻找历史与时间的记忆。温泉街整体已经被列入美国1970年国家历史地区名录。这里拥有美国中部最大的维多利亚式的建筑群，就连街道两旁的路灯也依然保持着19世纪的味道。具有历史风味的老式有轨电车是其最主要的公共交通工具，如今依然穿梭在温泉街上。高头大马拉着精美绝伦的古典四轮马车，叮叮当当地漫步在温泉街，带人回味旧时贵

不时有新建筑加入温泉街，却都尊重它原有的风味，与原来的建筑环境和谐共生。

族生活。尽管不时地有新建筑加入温泉街，但是它们都尊重温泉街原有的历史风味，与原来的建筑环境整体和谐共生。

此街只应天上有，它的每一个转角、每一棵树木、每一扇窗户、每一处温泉和雕塑，不仅是生活在此处的市民的记忆，更是所有美国人共同的记忆。温泉街就像是一个链条，把生活、自然、历史都串联起来。这样的城市街道是梦幻的。

## 第五节　屋顶花园——城市的空中花园

对于屋顶花园的引进，正意味着将自然引入城市的混凝土沙漠之中。

——沃尔特·格罗皮乌斯（Walter Gropius）

近30年来，无论在国内还是国外，绿色屋顶已经成为了城市可持续发展的一个重要组成部分。屋顶花园是在各种人工建筑物、构筑物、城墙、桥梁顶部的绿化景观花园。与大众的理解不同，屋顶花园并不是什么新鲜事物。相反地，它已经拥有了4000年的历史。古代梅尔苏人，在他们的大庙塔上建设了第一座屋顶花园。而1500年后，美索不达米亚平原上传说中巴比伦国王为其妃子修建的谜一样的“悬园”，更是令人浮想联翩。不过那时的屋顶花园，只是少数统治者的玩物。而现今，已经使得“旧时王谢堂前燕，飞入寻常百姓家”。西方工业化带来人口激增和绿地缺少的矛盾，城市土地稀缺，迫使绿地往立体发展。现今的中国也面临同样的问题，在高密度的城市中，公共空间的立体化发展是必须的。屋顶花园是立体化城市空间中的重要类型，它为城市生态环境的

上海世博会英国馆，其设计理念就是没有屋顶的开放公园，传递出其开放城市、绿色城市的愿景。

上海世博会墨西哥馆“风筝森林”的可持续设计表达了墨西哥人“还城市以绿色”的美好想法。

改善和城市公共生活质量的提高起了很大作用。

现代主义建筑学派的倡导人和奠基人之一的沃尔特·格罗皮乌斯(Walter Gropius)认为:对于屋顶花园的引进,正意味着将自然引入城市的混凝土沙漠之中。未来城市在屋顶和平台都会有花园,从空中看过去就像是一个大花园。随着房屋建设而消失的绿地,将会回到平屋顶的屋面上来。

正如沃尔特·格罗皮乌斯所说的屋顶花园最大的功能是有效弥补城市绿地不足的现状,将自然引入建筑屋顶。

2010年上海世博会墨西哥馆的主题是“更好的生活”,整个场馆被设计成一个大斜坡,斜坡的屋顶被打造成布满风筝的绿色开放式广场,人们可以在绿地上进行各种活动,诸如读书、聚餐或是在阴凉处随意地休憩;绿地上空,风筝在飞翔。这个被称为“风筝森林”的可持续设计表达了墨西哥人“还城市以绿色”的美好想法。

城市中的土地被大量地用于人工的建筑和构筑物,这些建筑和构筑物的顶部都为屋顶花园的建造提供了空间,从而使地面上失去的绿地在空中得以弥补,同时也向人们提供了活动的公共空间。建筑屋、道路、广场多为硬质铺面,使得城市的渗水性、保水性大大减少,导致了城市“热岛”和城市“干岛”效应的产生。将硬质屋顶软化,铺上土壤,种上植物,可以使整个城市更贴近自然,保有更多的雨水,增加空气湿度,有效地改善城市气候。相对于硬质的屋顶,软质空间具有更好的保温隔热作用，这可以大大降低建筑的能耗。

当然，屋顶花园绝非简单地铺上一层草皮或者种上树，而是建造一个真正的生态系统和空中花园。它不仅增加城市绿化，延长建筑屋顶寿命，更能发挥降低室内温度、缓解热岛效应、减低噪音、隔热、储存雨水、净化空气、节约能源等一系列功能，更重要的是屋顶花园为城市里的人们提供了新的休憩和观赏空间。

在城市规划和设计中，屋顶绿化已成为一项衡量一个城市或地区生态程度的硬性指标。如在上海虹桥商务区的规划设计和管理中就明确提出，在建筑设计时，屋顶绿化的比例必须达到50%以上。

屋顶花园的种类也很多，虽然都起到了生态、节能、增加生活空间的作用，但是只有当屋顶公园具有一定的公共性，对市民开放，并且为其设计，我们才能将其称为城市公共空间。这种公共性屋顶花园是西方发达国家最常见的一种形式，一般多建在居住区、商业区及其他一些公共建筑或构筑物的顶部。它不只考虑景观美化功能的屋顶绿化，也旨在为人们的生活提供更多的休闲娱乐和交往空间。

在设计时，应该重点考虑人们在公共场所活动的特性，从人的活动和心理出发，对公园的布局、出入口、园路、小品、植物等进行设计。屋顶花园，相对于地面的绿地，尤其要注重可达性。建筑的每一层都应有通往屋顶花园的通道，这样人们更愿意也更容易地到屋顶花园活动，使其成为一个真正具有活力的公共空间。安全也是应该注重的设计要点，工程安全和人身安全都应该在设计中得到重视，包括荷重、防水、防风等。

## 一、山间林下——ACROS福冈台阶状屋顶花园

日本列岛浮于海外，虽不乏山地平原，城市中却人稠地狭。随着工业的高速发展，日本城市的私人空间日益逼仄，但是其公共空间的建设却未因此迷不知途，反而别开生面大放异彩，其中最具代表性的就是公园绿地。

日本城市中多有大型的公园绿地，当局实施严格的环境保护制度使得这些公园绿地布局合理，疏密有致。日本列岛的土地资源十分有限，因此政府将绿化的立

体化发展视为利用空间资源的重要手段，不同层次的空间都被广为绿化，并渐次形成了成熟全面的城市绿化景观系统。尤其引人注目的是屋顶绿化的广泛应用，其中最广博嘉誉者就是ACROS福冈台阶状屋顶花园。

ACROS福冈台阶状屋顶花园位于日本九州北部福冈市中央区天神地区。建筑ACROS福冈内有写字楼、商店等民间设施以及福冈交响乐演奏礼堂、国际会议中心等具有国际性、文化性、信息性的公共设施。设计者将整个建筑的1/4处理为地下空间，把地上1～13层（60米）的台阶状屋顶设计为屋顶花园。为了协调该建筑与南侧公园的地形地貌，设计者将台阶状屋顶花园构建成与南侧公园合成一体的绿化空间，从而在整体上达到既连续又融洽的视觉效果。

日本的绿地景观设计一直以来都追求人工再现自然的美感，绿化配置层次丰富，植被搭配自然美观，各种点缀富于特色并与建筑物完美结合。建筑ACROS福冈的台阶状屋顶的设计者以类相从将其看做一座自然山体来对待，赋以其花鸟风月的主题，表现“春之山、夏之荫、秋之林、冬之森”植物季相变化的空间，将南侧公园的绿化植被与台阶状屋顶的混植植被融为一体。每一层植被由台阶屋顶植被与栽植于下一层墙体上容器内的植被组成，整体上仿佛山脊植被与山谷相连，交横绸缪郁郁葱葱，在城市中央形成了一座绿意盎然的“人工山林”，成为福冈市民“山间林下”娱乐休憩的理想之地。

福冈屋顶花园是城市中独特的一道风景线

该项目的种植设计以位于京都的皇室园林——修学院离宫斜坡上的台阶状大块混植为蓝本，在从1层到13层的台阶屋顶上，利用15种混植手法种满了枝叶色彩富有变化的常绿树与落叶树。同时，每年都有鸟类带来的植物种子落在此地，现在树木种类已经达到110余种，随着树木的生长发育，植物景观日益丰富。

该项目竣工以来，有关的大学研究室与技术研究所对台阶状屋顶花园的热环境

在十三层屋顶上,搭配种植了110种植物,犹如一座森林。

进行了调查。夏季水泥屋顶的温度比有绿化的部分高出20℃,栽植土壤的地温也比无绿化的部分低近10℃,绿化还降低了室内温度。建筑各侧的气温,以有台阶状绿地的南面为最低,这是由于屋顶花园植物的降温作用所致。由于屋顶绿化所使用的人工土壤具有优良的保温性与保水性,降低了空调的负荷,由植物的蒸腾作用带走热量,抑制了周边气温的上升。台阶状屋顶花园不仅创造了城市中优美的景观,还降低了环境负荷,同时抑制了日益严重的城市热岛现象。

喧嚣都市中的人工山林清目悦心颇壮观瞻,更为城市清尘洗垢纳凉减荷。作为日本城市绿化中的一处奇观,可称得上是设计者的不凡手笔。而日本当局严格的环境保护制度和生态可持续发展的观念应该是成就这种非凡设计和使日本成为世界上绿化最好的国家之一的根基。应当说,当局与设计者共同成就了此非常之

ACROS的屋顶花园与面前的公园融为一体,组成一幅立体的绿色画卷。

作,从而充分发挥出了城市绿化的生态效益和环境效益。

## 二、七十二街的屋顶桃源——盖瑞康莫尔屋顶花园

人类文明开窗以来,从来都是因循四季躬耕不辍。现代城市化彻底地将农业驱逐出城市,难道城市就再也容不下农业了吗?屋顶花园已是屡见不鲜,但屋顶农场还实属罕见。在芝加哥南区就有这样一个半空中的屋顶城市农场——位于盖瑞康莫尔青年中心的盖瑞康莫尔屋顶花园(Gary Comer Youth Center Roof Garden)。该花园2010年获得美国景观设计协会(ASLA)专业组综合类荣誉奖。

进入芝加哥南区,低矮破旧的建筑会充斥眼帘,这里是最大的黑人聚居区。美国第一位黑人总统奥巴马就是在这里度过童年的。显然他是一个成功的例子,但南区并未沾到这位总统的光,依然是暴力与犯罪频发。每一条街上必不可少酒品店,每一家店面都要安装防弹玻璃,七十二街也是如此。这里的保罗里维尔小学经常发生拐骗儿童和公共猥亵案件。但当你经过了这个小学,走到七十二街与芝加哥南大街的街角,眼前会霍然一变,一座彩色建筑跃于眼前,这里就是盖瑞康莫尔青年中心。这个项目的设计是对社会问题和城市化问题的一个反思。

盖瑞康莫尔青年中心屋顶花园面积8160平方英尺,其与众不同之处在于,它并非位于我们常见的房子的最顶层。而是在二楼的楼顶,被三楼的走廊和教室四周环绕。这种围合的感觉给人一种错觉,这不像是一个屋顶花园,而是一个被穿插在建筑中的公园。孩子们(8—18岁)可以在周边的建筑和走廊里喝着咖啡做作业,或者听大学预科课程及职业培训,或者健身或者打篮球,直到大汗淋漓为止。当然,他们更愿意在课余饭后来到这个花园享受蓝天白云,亲近自然植物。就算在晚上,对于孩子们来说,这里也是非常安全的。周边建筑灯火通明,被维护的花园里每个人都在享受生活,根本不会感觉他们置身于芝加哥最危险的一个街区。

广种四季农业植物是花园景观设计的一大特色。当孩子们在走廊里穿行时,可以透过落地窗随时看到花园中四季不同的面貌。当然除了旁观,孩子们更要亲力亲为,参与到劳动中。18—24英寸的土壤以及特制的园林工具,不仅满足了各种花

屋顶花园位于第二层，这里是一个相对封闭但是安全的空间，周边是运动场、教室和咖啡店，而花园中搭配了各个季节的农作物，成为青少年教育基地。

卉和蔬菜的生长需要，包括白菜、向日葵、胡萝卜、生菜和草莓，也满足了孩子们的好奇心，他们可以随意地挖挖铲铲，当然是有专人指导的。花园还遍布了一些金属圈，这是设计者们的精心安排，不仅点缀了花园，还充当了天窗，为楼下的健身房和咖啡厅带来自然光亮。

花园已建成使用了三年多了，至今仍运行良好。仅2011年一年，这里就生产了1000磅有机农作物，供中心的咖啡厅和餐厅使用之余，还售给一些专程来购买的本地餐馆。自产自销的土豆足够中心及员工家人食用一个季度，甚至连爆米花都可以自制。这些食物除食用之外，还成了孩子们烹饪课最新鲜的食材。能如此良好的运行要归功于中心管理者采纳了设计师的建议，聘请了全职花园经理。结果很成功，在花园里，能进行创造性的使用并生产食物。同时，中心还为花园大量招募社区志愿者，经常邀请各年龄段的群众参观，为花园的发展建言献策。

屋顶花园与地面温度存在明显的差异，意味着屋顶是不同于地面的另一种气候，所以孩子们在冬天也可以通过搭建小拱棚种植蔬菜。在这里，孩子们不仅可以亲身经历植物从生根发芽到硕果累累的过程，还可以在生活中而非书本上真正的接触到绿色屋顶、植物学，在照顾植物及烹饪的过程中体会乐趣。从宏观考虑，城市中的农业可以减少高度集中化生产的农产品，从生产地到消费市场的运输能消耗，减少碳排量。如果中国每一屋顶都能成为生态农业花园，将是如何一幅场景？

## 三、类乎山水——纽约现代艺术博物馆屋顶花园

以碎石为山，以白沙喻水。

美国纽约现代艺术博物馆自1929年开基立业，以品位卓然而名声斐然。该馆主要展示从19世纪末至今的艺术作品，网罗包括绘画、雕塑、版画、摄影、印刷品、商业设计、电影、建筑、家具及装置艺术等项目。作为该馆的一件巨型现代艺术品——美国纽约现代艺术博物馆屋顶花园于2009年荣获美国景观设计师协会(ASLA)年度综合设计类荣誉奖。该设计基于一个1953年的“现代”雕塑花园发展而来，其将现有结构和新建结构完美地结合与统一，形成了这个现代景观展示空间。该公园精妙美观令人耳目一新，其独辟

蹊径丰富了设计语汇，运用非常思维却反经合义，其朴素无华质化了景观的表现形式，并且别出心裁让公共景观“淡出”了公众视野——需远眺高视方可一窥其全貌。

需远眺高视方可一窥全貌的博物馆。

该项目独到之处就在于其设计理念，在当代美学理论和现代艺术表现的影响下，模仿自然的概念，仿真的方法和伪装的理论共同作用产生了屋顶花园的形式，并且产生了一种独特的视觉魅力，堪称是一种现代艺术的创作。这种设计理念几乎完全源自日本禅宗的“枯山水”庭园。本该是青山秀水却冠之以“枯”，看似矛盾却是日本最具特色的一种造园形式。所谓枯山水，即是并无真山真水，只是以碎石为山以白沙喻水，砾石搭配协调，大小不一各自三五成群。白沙耙出纹理，或直或曲以表水之静动。这种以意立象、以形写神，以“类山枯水”为禅宗庭院模拟了高山流水，让修行僧侣从其中品味萧条空寂与静穆平和。在本项目中，设计人员通过艺术化伪装以及仿真技巧将“枯山水”庭园发扬光大，通过模仿自然来创造一种新的自然状态。设计人员利用白色的沙砾、回收再利用的黑色橡胶、玻璃碎片、雕塑石材和仿真黄杨建造了一个相对低调的花园，将经过打磨的泡沫塑料筑成棕褐色的蓄水池。为确保水景效果，泡沫塑料外层还进行了特殊处理，使其更有硬质感，并达到一定光亮程度，形成犹如石材般的质感。花园底部设计完全按照常规流程进行，确保景观在整体意境和构成形式上都符合当代审美观。花园造型完全依照屋顶实际条件进行严格制定，直线、弧线半径、十字交叉口等各个部分都被充分利用。造景材料也经过全面分析研究，既包括天然材料、回收材料，也有合成材料，如碎石块，回收玻璃，回收橡胶覆盖物，合成材料包括玻璃纤维栅栏、PVC板材、仿真黄杨植物、泡沫塑料和塑石。电脑切割技术也被应用到施工过程中，所有的玻璃纤维板材和泡沫塑料都是在工厂加工后直接运抵施工现场，其目的只有一个，就是减少屋顶上人操作的概率，将对屋顶的破坏降至最低。

一沙一世界，一树一菩提。这种"枯山水"素朴哲观以简代繁，充分体现了以山

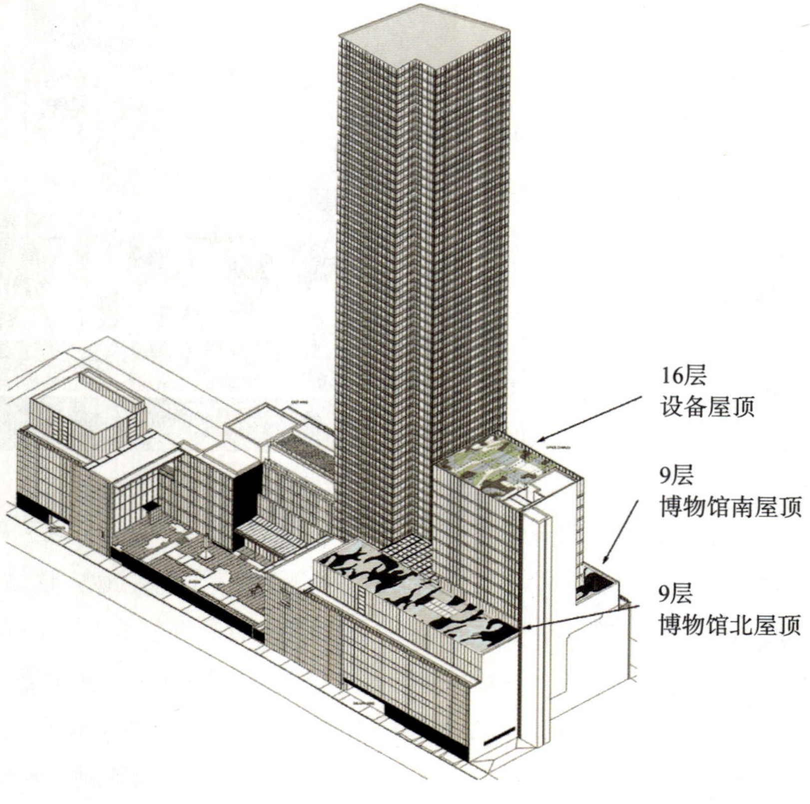

仿真的方法和伪装的理论产生了独特的形式和魅力。

为德、以水为性、以空为悟、以远为觉的精神，这其实无非是中国山水古画的精髓，这精髓经日本禅宗庭园的吸纳为用，并放之四海，西方人弘扬其光，阐扬其大乃成就出这件屋顶上的艺术品。

## 四、会呼吸的屋顶——加州科学馆屋顶花园

加州科学馆是“世界上最‘绿色’的博物馆”，它已经获得了LEED-Platinum认证，也就是环保白金建筑——建筑可持续性的最高级别。现在的加州科学馆是在原有的建筑上经过10年的改造而成，它就像“抬起金门公园的一部分，然后把一个建筑放在底下”，屋顶花园在诠释这个理念上起了很大的作用。19.7万平方米的屋顶绿化是有生命的，人们称之为会呼吸的屋顶。

“设计独特。技术上的大师之作。景观设计师在这个项目中为大家提供了大量

加州科学馆地处旧金山金门公园中心，设计理念——“抬起金门公园的一部分，然后把一个建筑放在底下”。雕刻般的拱顶和博物馆内部设计馆，象征了旧金山的7座大山。

的经验——如何在一个直白、简单的地上用漂亮的方法建造这个项目。非常的精妙、有创意”，2009年ASLA专业奖评审团给予它这样的评价。

屋顶花园的设计，极好地诠释了可持续发展的理念。屋顶共种植40种当地植物，为旧金山最细长的本土植被区域。98% 的雨水可吸收，不需另行设置灌溉系统。模拟本地的风吹情形，设置7个土丘，达到最大的空气流通量。空气流动时，从通风口带走室内的暖空气，提供空气循环，减少冷气需求。自然光通过屋顶的采光口可以照射可达90% 的展示空间，减少照明需求。我们把城市比郊区温度高的现象称作热岛效应，而在这座屋顶花园之下，室内温度被控制在比屋顶表面温度低10℃左右。因为屋顶花园的存在，地面建筑和硬质景观占地需求减少1.5英亩。

屋顶花园的生命力也表现在它和周边环境与建筑功能的融合。人们更愿意把它看做一个抬高的公园，在公园下面建了一个博物馆。博物馆包含非洲大陆、热带雨林、水底世界、泥潭沼泽、太空遨游等无数的科学展览，而屋顶花园更像是旧金山本地自然景观风情的一个展览。旧金山市民对其是如此的喜欢以至于自豪。开馆之日，人们不得不排队4小时，才能一睹它的风采。

屋顶花园也是一个展示本土植物的展览馆。

我们说加州博物馆的屋顶花园是会呼吸的，有生命力的，不仅是因为它把生态和可持续发展的理念发展到淋漓尽致，更因为它在设计之初就把自己当做是一个公园——人的活力也是展现其生命力的一种方式。

## 第六节　街头绿地——都市紧张生活的休止符

一朵微小的花对于我可以唤起不能用眼泪表达出的那样深的思想。

——威廉·华兹沃斯（William Wordsworth）

广场、公园或者城市街道常常作为城市建设的重点来打造城市的印象，它们也常常成为一些城市的象征。如巴黎的“协和广场”、威尼斯的“圣马可广场”、纽约的“中央公园”、上海的“世纪大道”或者巴黎的“香榭丽舍大街”。这些广场、公园或者街道一直是人们称赞的对象，它们已经成为所在城市的骄傲。

然而，倘若你在一座城市生活，或者行走于城市之中，你会发现，总有一些街头空间让你留下深刻印象。它们可能是很不起眼的一个小型公园，也可能是环境优美的小型广场，或者只是街角的一个喷泉、一棵大树。总之，它们分散在城市的各个角落，在城市地图上也许只是小小的绿点或者条带，有时几乎找不到它们。但是它们却因为有着便利的交通，精巧的设计、宜人的空间或者合理的服务设施，调节了人们紧张都市生活的节奏，仿佛城市生活进行曲中的休止符，为人们提供了每日经常路过、熟悉而亲切的休息场所，丰富了人们生活的情趣。它将是人们使用频率最多的公共空间，英国浪漫主义诗人威廉·华兹沃斯（William Wordsworth）曾经说过："一朵微小的花对于我可以唤起不能用眼泪表达出的那样深的思想。"街头绿地正是那些微小的"花"，它们随时都在向人们展示她那独特的魅力。

街头绿地或空间，不仅为人们多种户外活动提供了场所，同时也使更多的自发性活动和社会性活动成为可能。人们可以漫步街头，也可以进入绿地空间小憩或观景，可以独处也可以与人交谈，或者进行一些有组织的文化教育活动。这些都使得城市人的生活更加丰富多彩，也使城市本身更加富有活力。

街头绿地也是装饰城市景观的有力手段，它为城市提供了一种宜人的尺度，在钢筋混凝土丛林中营造出生态环境良好的人性空间。街头绿地所具有的自然景观将与城市硬质景观形成对比，使两者相得益彰。正如J·O.西蒙兹（John Ormsbee Simonds）在《风景园林学》一书中所写道的："一个精心设计的公共绿地，避开了城市车流的喧嚣与干扰，绿树、鲜花、阳光、飞溅的水流与明亮的色彩组成受人欢迎的场所。它改变了城市的重心，并为标准的沥青水泥城市沙漠创造了清新的绿洲。"[68]

另外，随着城市建设的发展，人们环境意识的提高对街头绿地的功能提出了更高的要求。街头绿地的空间环境不仅能带给人们良好的物质形态的环境，同时它也能带来人们生活品位的提升。好的环境形态对改善市民的行为模式和传达城市理念也发挥着潜移默化的引导作用。

对于街头绿地城市空间的设计，其位置的选择是尤为重要的。街头绿地的布局应当与城市整体规划设计相结合，而不是随意修建于城市各处，以提高绿地的使用效率，避免空间的失落。街头绿地会因位置的不同而具有不同的性质和活动内容。使用者的类型、使用率的高低也会受位置选择的影响。例如：位于居住区附近的街头绿地是居民散步休闲的主要场所，经常是老人和孩子活动的主要场所。而位于商业中心的街头绿地主要是为购物者提供一处休息空间，为人们提供了一处交往活动的场所。

城市中街头绿地表现为多种类型，可以是街头小游园的形式也可以是花园式广场的形式，面积小到几十平方米，大到几公顷不等。在现代化的大都市中，为改善城市生态环境，也有面积较大的街头绿地，如上海的延中绿地。

袖珍公园也是街头绿地的一种类型，其面积一般很小，早期的"袖珍公园"是在纽约的建筑之间建立的，修建的目的是为了缓解城市远离自然给人们带来的压力，为城市中心的人们提供一处休息片刻的场所。有着较为简单的植物种植和水景，地面常是具有趣味性的有质感的铺装，座椅等休憩设施为了方便人们使用，常采用可以移动的方式。公园内有时也会提供一定的服务设施，如小卖店售货亭等。这种见缝插针的小型城市绿地的出现很快受到人们的欢迎，并且在大城市迅速发展起来。

## 一、第四广场

第四广场（Square Four）的设计团队弗拉基米尔·朱罗维克景观设计公司崛起自贝鲁特当地，该公司秉承一种简洁的设计理念，却不因简而成陋，其设计总是合乎场地、凸显建筑并令业主满意。第四广场占地仅815平方米，地处贝鲁特市魏刚街的起点处。在古罗马时代的花园遗址、新建的现代主义建筑、奥斯曼帝国时期的清真寺和基督教教堂之间，第四广场如一方避世净地，头角崭然而令人瞩目。

广场的设计将此区域内的空间、物质、声音、光线乃至气味尽数利用起来，尤其突出了经世历时并见证变迁的两棵古榕树。这两棵古榕拔地参天，枝干虬结深韧若刻，气势凝重静穆如塑，护持着这块公共空间的中心。围绕古树的地面镶有长方形木甲板，原纹原色给人带来暖意。位于道路之侧的是一处标地立志的动态水镜面，水面位于道路之侧，并且在视觉上扩展了空间范围；另有一条石凳，长20米，面水横踞，供人歇息。人在此间，寄荫古树，眼见水上波纹粼粼有天光云色、耳听水中泉溪淙淙无喧语哗声，更有光移弄影而草曳生姿，不由得便会融入其中，从而修身怡情恢复活力焕新精神。

## 二、派利公园

派利公园( Paley Park )建成于1967年，位于美国纽约曼哈顿东五十三街和第五大道街区之间，是一小块设有咖啡座的现代都市休息空间。公园为纪念美国哥伦比亚广播公司( CBS )前主席威廉·派利( William S.Paley )先生而建，威廉·派利先生不仅为此出资，并且全程参与了公园整个的规划和设计。派利公园成功开创了一种公私兼顾的袖珍公园模式范本，它既是一个公众见面会谈的地界，又是私人静心放松的去处。公园建在曼哈顿的城市中心位置，占地4200平方英尺，整体稍高于曼哈顿街面，与人行道相与连接、融会贯通，行人可循路随意进入公园，十分便捷。在公园内，设计者罗伯特·塞翁( Robert Zion )建造了一堵与两边街道平行的高墙，一道同墙体等宽的水幕从墙顶泻下，落入沿墙裙而筑的水池中。飞瀑声动四围，将都市的喧嚣湮没不闻。水幕阶下空地上17棵皂荚木参差错落，茂盛时如华盖云集，日照时成光影陆离。围墙

飞瀑声动四周，将都市的喧嚣湮没不闻。

上满布着常春藤，树阴下散放有咖啡桌椅，桌椅放置无一定之规，可任意更换位置，游人因此更享适意之乐。派利公园从闹中取静，与曼哈顿喧嚣的都市氛围构成强烈的对比，常使行人兴之所至而到此一游。

## 第七节　商业中庭

中庭的英文为“atriums”，它的另一个意思有“心脏”、“心房”的意思，并且这个词起源于拉丁文的心脏“heart”。的确，商业中庭的功能就像城市的心脏一样，凝聚城市活力。现代城市中的商业中庭往往可成为一个微观意义上的城市生活舞台。

商业中庭崇尚的是一种共享文化，在同一个巨大的空间内，玻璃电梯、水池、雕塑、植物以及咖啡厅、餐厅、商店等有机结合在一起，为人们的交往、休闲和娱乐提供了一个舒适惬意的场所。

中庭最早见于古罗马时代，由建筑物围起的一个院子，有时也采用柱廊式墙体围合，作为公共活动空间使用。到19世纪，随着建筑技术的发展，特别是钢铁和玻璃的运用，使人们在露天的中庭加上了玻璃顶盖，成为了室内型的公共空间。

公共中庭在19世纪出现以来在城市建筑和设计中一直扮演着非常关键的作用。围合的室内公共空间为市民提供了不受天气和时间所影响的社交场所。成功的城市设计和城市发展往往是由于新旧城市文脉的结合、室内与室外空间的结合、公共与私人领域的结合。而城市中庭往往是连接这些部分的重要手段之一。同时城市中庭空间的加入连接起了室内外空间，给人们一个连续的城市空间体验。另外，城市中庭对出入不同属性的空间有一种很好的控制作用，特别是对于那些公共空间、半公共空间、私密空间的使用者来说。城市中庭的设计是多种多样的，它可以是私人的中庭，也可以是半公共的或者是公共的。从传统意义上来说，建筑中的庭院和中庭往往是私人所有的，并不对外开放。但在某些时候，往往能看到一些半公共的中庭作为城市公共空间的一部分对外开放，而且这种情况通常在私属的办公建筑和旅

商业中庭承载着城市的公共活动，为人们的交往、休闲、娱乐提供了舒适的场所。

馆建筑底层直通两层高的中庭发生。正是商业中庭的上述特点，建筑中的中庭往往能承载更丰富的城市公共活动，并成为城市公共空间体系中不可或缺的一部分。

第五章

# 零碳空间

## 第一节　零碳空间

绿色建筑、低碳建筑、节能建筑已经越来越受到人们的重视。国际、国内已经建立了具有公信力的绿色建筑认证标准。如由美国绿色建筑委员会（The U.S.Green Building Council）所研发的绿色建筑认证标准LEED（Leadership in Energy and Environmental Design），是被国际上较广泛使用的认证系统，其宗旨是在设计中有效地减少环境和住户的负面影响。我国建设部也颁布了《绿色建筑评价标准》。上海世博会上大量关于绿色和低碳的新技术、新创意和新材料的运用证实了国内众多开发商和建造商已经在各种建筑类型上尝试使用绿色、节能的建筑标准。

单靠绿色建筑本身无法改变已经失去平衡的城市系统，只能是对环境所造成破坏的一种弥补措施。但不可否认的是，绿色建筑在设计、建造和使用过程中能有效地减少对环境的负面影响，这一点还是非常值得推崇和肯定的。绿色建筑的观念越来越深入人心，然而对于城市公共空间的"绿色"、"低碳"却乏人问津，甚至经常会见到很多原本就已经是非常生态、物种非常丰富的地方被冠以"生态"的名义而建造成一个个花岗岩和水泥

嘉兴秀洲区北部湿地以国家级湿地公园为载体，融湖泊湿地、文化湿地、农耕湿地、数字湿地、城市湿地等多维湿地特色，打造具有浓郁江南水乡田园风貌的生态型功能区。规划以湿地的保护与发展为核心，以生态学研究方法为路径，引入“泛湿地理念”，实现“江南生态新地、水乡湿地王国”的发展愿景。

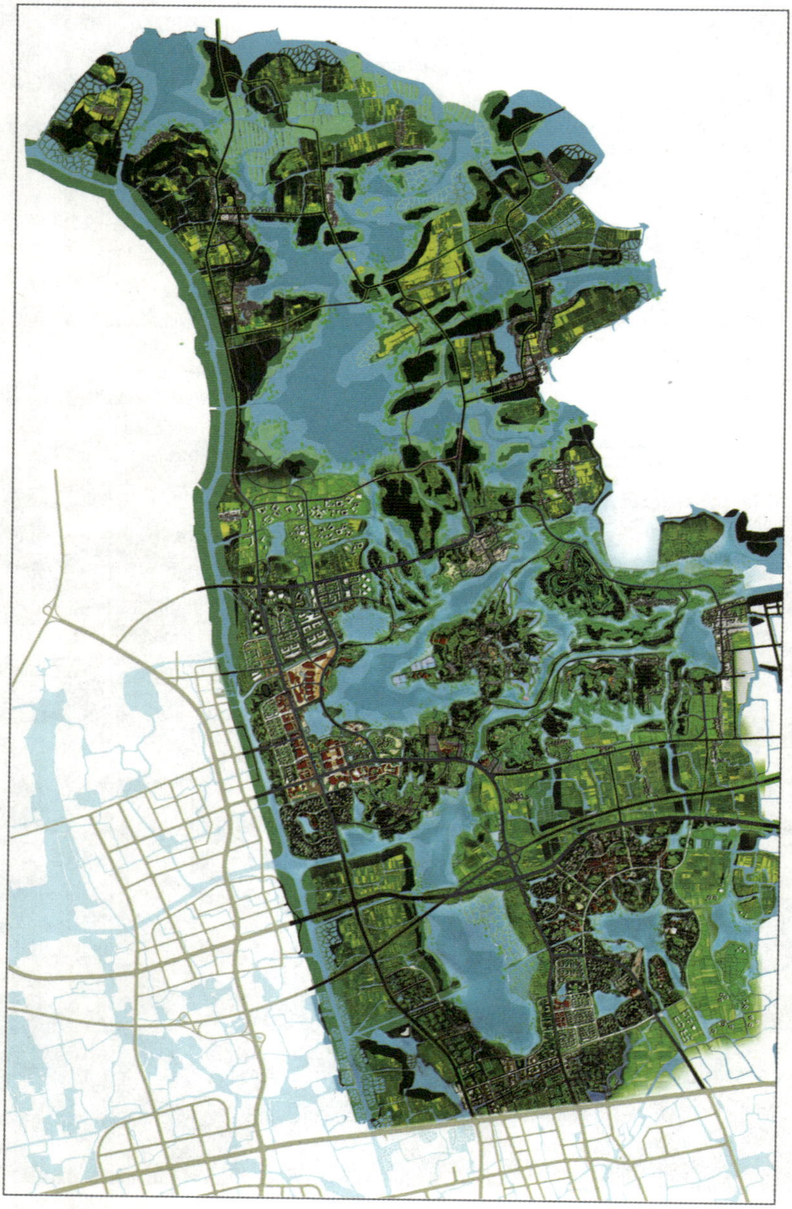

围绕“人与湿地”的关系，进行基于项目导入的总体用地布局，通过江南风情岛、立体湿地公园、湿地嘉年华、江南隐逸岛、湿地生态农业示范园等引擎项目改变资源利用方式，从根本上实现区域生态的可持续发展与多元价值趋向。

的“生态公园”。类似这种把原生植被破坏后重新种上单一草皮和树种，或把原本生态的河道驳岸截弯取直浇灌上混凝土硬质驳岸的案例在全国各地比比皆是。幸运的是我们已经开始认识到这些做法的愚蠢和无知了，并努力尝试去改变这种状态。

城市的生态与可持续发展需要建立在整个城市甚至更大层面的生态平衡上，城市公共空间作为城市中的“留白”，其自身的设计和建造更需要低碳和生态。一个有远见和雄略的城市，应该对城市的公共空间做长远的规划和设计，仅为了短期的经济效益，对城市进行过度的开发或美化并非明智之举。一个好的城市公共空间不仅仅是停留在美学和艺术的层面，实用、生态、可持续和活力将是更为重要的因素。“零碳空间”除了希望城市公共空间能起到提供活动场所、净化城市空气之外，更强调城市公共空间在整体生态平衡和可持续发展上的表现。

城市公共空间要做到低碳与生态，就必须保证公共空间自身的“零碳”，保证公共空间的开发过程中减少对自然环境的破坏。“零碳”是未来人们的一种观念和生活方式，低碳意识将深入到生活的每个角落。比如废物再利用回收概念、低碳能源利用概念、雨水收集、节约能源、智能化和强调慢行交通等。具体可体现在设计和实施时减少材料的使用和垃圾产生的数量，在材料使用上，尽可能选择无污染、低能耗、可再生资源，避免对环境再次造成破坏。一方面要考虑建造的材料是不是能重复使用，是否可再生。另一方面要尽量使用废弃物进行再利用，2010上海世博会在废弃物再利用方面就做得比较好，比如世博园内用废弃牛奶盒制作的座椅，用再生纸制作的节目单、节目册和手提袋等都属于可持续设计的做法。零碳循环除了对垃圾、材料方面的考虑外，雨水的收集与循环使用也是非常重要的方面。总的来说，一个零碳空间必须具备六个主要方面的考量：能源、水体、土壤与植被、材料、交通、社会文化。每个方面又细分为若干具体的措施与策略，下面的图表较好地表达了这些关系。

提供运动空间
提供表演走秀场所
设立社交场所
在项目现场进行苗圃生产
雨水收集与循环使用
提高可渗透性地表
保持水体流动性
保持水体溶解液态氧含量
降低水体溶解态营养物
降低水体不溶物负荷
生态雨水循环处理
建立稳定水生态系统
社会文化
水体
建筑\景观建筑与能源
可再生能源的利用
公共场所：公园街灯\铺地灯
节能装置
能源
零碳空间
Zero Carbon
Space
土壤与植被
保护优质土壤\改善退化土壤
减少废物垃圾\保护现有植被
栽种本土植物\生态垂直绿屏
屋顶绿化\绿色遮荫\滴灌植被
综合病虫防治管理
交通
材料
便捷的主干交通
创造适宜步行的景观
生态停车场
自行车出租点
电瓶车观光游览
等相关设施
公交站
现场废弃材料再利用
选择经久耐用的材料
使用本地材料
新型节能材料
减少城市热岛效应

零碳空间框架图。

# 零碳空间的28项策略

**对场地的尊重**
SITE SELECTION

对场地原始信息的利用，减少场地对能源与资源的需求，鼓励开发适宜人活动尺度的城市空间。

**使用自然光**
DAY LIGHTING

自然光的使用有利于减少对电能的依赖，景观主要构筑如售货亭、厕所、休息建筑等宜充分利用自然的采光，加强与自然的联系。

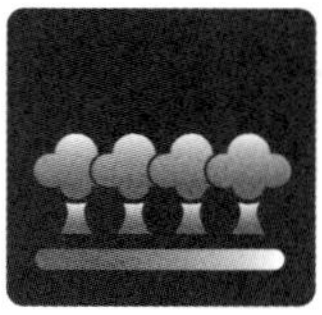

**保护现有植被，栽种本土植物**
PROTECT EXISTING PLANTING
PLANT LOCAL PLANTING

保护场地内现有的植被有利于快速恢复并建立当地生态系统。

**保护优质土壤，改善退化土壤**
PROTECT HIGH QUALITY SOIL
IMPROVE DEGENERATE SOIL

保护场地优质土壤，减少外来土方量，以保护现有土壤和土壤内部的微生物系统。避免不必要的土壤扰动。以加入腐殖质的方式改良退化土壤，建立生态系统。

**低碳交通**
TRAFFIC

规划一系列高效便捷的交通方式，创造适宜的步行公共空间，减少小汽车的使用及其温室气体排放，继而改善空气质量。

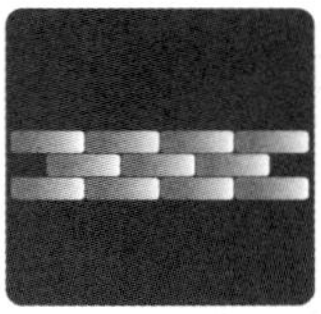

**选择经久耐用材料**
CHOOSE LONG LIVED MATERIALS

选择的主要材料具有耐久性和合理的成本，减少不必要的材料更换而造成经济与人力上的浪费。

**应用本地材料**
REGIONAL MATERIALS

应用本地材料可以支持本土资源利用，创造本地工作机会，减少环境污染。同时可以节省费用，提升本地建筑特色。

**建立稳定的水生态系统**
FOUND STEADY AQUATIC ECOSYSTEMS

建立长期稳定的水生态系统，改善水环境品质。

**雨水的储存与使用**
RAINWATER USE & STORAGE

充足的雨季提供收集利用雨水的机会。由屋顶/山地/可渗透的铺地，如便道/广场等收集雨水。这种“灰色水”或雨水可以应用于灌溉或转入污水处理系统。现场收集的水用在水景和叠水底部的蓄水池是很好方法之一。雨水的收集与利用在雨季保留雨水于地下，有助于自然保护和避免热岛现象。

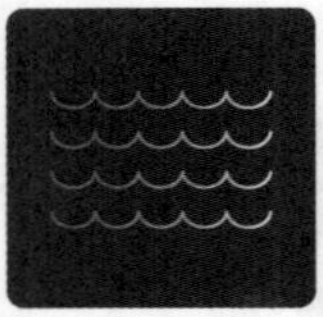

**保持水体流动性**
**KEEP MOVING WATER**

结合场地自身的特点及功能，创造性的制造水体流动，保持水体的交换、连通、改善水质，提高水体活性。水体在持续的流动循环过程中得到物理、化学、生物等不同方式的进化，提高了水中的含氧量，并且控制微生物的含量。

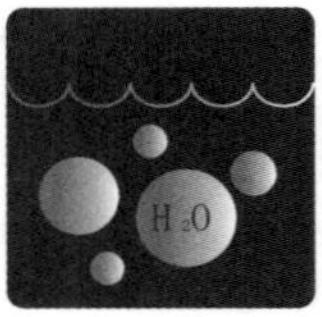


**保持水体溶解态氧含量**
**KEEP DISSOLVED OXYGEN GAS CONTENT**

保持河流水道的曲折多变和多样的河床形态，江河溪流中的水体蜿蜒移动时，自然通风和凹凸不平的河床共同作用产生湍流，将大气中的水和氧气混合在一起，提高水中的溶解氧，并使水体保持适宜的温度，同时也为水体底栖生物提供多样的栖息场所。

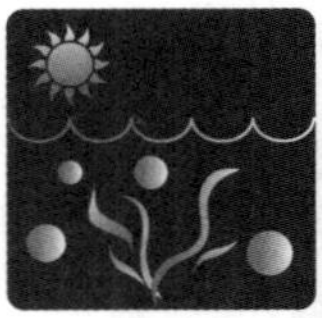

**降低水体不溶物负荷**
**DOWNLODE WATER' S INSOLUBLES BURDEN**

通过建立各种植被缓冲过滤带，吸收、过滤河道及其邻近水体排入的不溶物质，降低水体浑浊度，提高水生植物光合作用能力，改善水环境生态。

**可渗透地面**
**PERVIOUS SURFACES**

渗透性地面有助于雨水渗透并保留在地下蓄水层，渗透性地面将减缓雨水径流的速度，可以避免暴雨成灾。也可以降低水体温度，提高水体氧气溶解度，同时降低盐分等有害固体溶解度，并且还可以通过水体自然渗漏达到补充地下水资源的作用。

**LEED建筑标准**
**LEADERSHIP IN ENERGY & ENVIROMENTAL DESIGN**

LEED建筑标准有利于减少建筑的能耗和可持续发展。

**屋顶植被与覆土建筑**
**VEGETATED ROOF**

屋顶绿化可以多层次的节约能源，如减少热岛、暴雨调节、保护居住环境，同时有助于暴雨的排水调节。

**垂直绿屏**
**VEGETATED WALL**

植物墙通过建筑墙面竖向植被遮阴来达到隔热和建筑审美的要求。同时，它可以降低局部气温和反射，形成局部小气候，有利于步行系统的完善。

**生态停车场**
**ECOLOGICAL PARKING**

具可渗透地面的绿色生态林荫停车场。

**新型节能材料**
**NEW-TYPE ENERGY-EFFICIENT MATERIAL**

使用节能型材料，充分利用自然资源。减少材料消耗，再次使用和循环使用材料。

**减少热岛效应**
DECREASE HEAT-ISLANDEFFECT

绿色植物和透水性路面有助于降低局部区域温度，减少热岛效应。

**可再生能源的利用**
REPRODUCIBLE ENERGY

太阳能/风能/地热能和生物能在项目中的运用，解决项目自身的能源消耗需求。如夜间照明\水循环需要的动力来源等。

**资源的再利用**
ADAPTIVE RE-USE

场地的土壤/植被/水系及废旧建材等设施的重新利用，减少资源消耗。

**减少废物垃圾**
DECREASE RUBBISH

在人流活动密集和无人活动的密林区域都要防止废物垃圾，杜绝乱扔垃圾的恶习，这属于现场长期管理体系的一部分。

**节能装置**
ENERGY EFFECIENT OPERATIONS

节能设施/灯具/感应装置等的应用，减少能耗。

**建立社交场所**
FOUND SOCIALACTIVITIES SPACE

设立停留与交往的场所和提供中小型户外集中表演场所，促进人们开展广泛的日常交往。

**提供运动空间**
PROVIDE SPORTS & CHILDREN PLAY AREA

设立大型活动和小型活动互补的空间，让人的活动融入整个环境，成为整个生态环境的一部分。

**自然遮阴**
GREEN SHANDING

考虑夏季遮阴，冬季透阳的场所设计。大部分适宜步行的公共空间应该有足够的树木遮阴，是生活/工作/学习/娱乐的理想场所。

**进行苗木生产**
PRODUCE TREE STODE

可在景观绿地中综合苗圃花园的设计，对游客进行绿色教育，同时便于苗木长期养护管理。也可配置一定比例的果园，以达到吸引鸟类等动物的停留，形成稳定的生态系统。

**施工管理**
CONSTRUCTION MANAGEMENT

施工管理可以有效保护环境，如防止水土流失、减少对场地植被的破坏、减少施工垃圾的产生等。

# 第二节 低冲击开发

“Rainwater Harvesting”是雨水收集的英文，意思是像收获庄稼一样收获雨水。一个“零碳循环”的城市公共空间要实现整体的生态平衡最基本的条件之一就是必须具备“收获雨水”的功能。

城市传统开发建设的过程中，建筑、道路和硬质空间占据了现代城市地表的主要部分，这部分空间都被建成了混凝土工程。随着绝大多数建成区环境地表的不透水处理，混凝土地面和建筑隔绝了雨水和土壤接触的机会，带来的负面影响便是自然水文平衡遭到了破坏,并由此带来的一系列雨水资源流失、城市洪涝灾害频发、土壤水源隔断、河流基流丧失、雨水径流污染严重、城市水体水质恶化等问题。因而，在雨季城市因缺乏滞留和过滤系统而容易形成洪涝，到了旱季又因为地面的硬质导致土地缺少涵养水分的功能而让城市变成一个热炉。

随着人们对不透水地面带来负面影响的理解和技术的进步，人们开始利用小尺度、场地内的滞水和渗透方法来补偿土地开发过程中对原有自然的土壤的破坏。通过景观的方式对雨水进行过滤和收集，保证雨水在流入河道之前得到植物的过滤吸收，从而保证水土涵养的同时不会对河道水体造成污染。

20世纪90年代末期，美国东部马里兰州的普林斯乔治郡（Prince George's County）和西北地区的西雅图、波特兰市共同提出了低冲击开发（Low-Impact Development，简称LID）模式的概念。其目的是减少开发建设对生态环境的影响，初始原理是通过分散的、小规模的源头控制机制和设计技术，来达到对雨水所产生的径流和污染的控制，从而使开发区域尽量接近于开发前的自然水文循环状态。

尽管低冲击开发模式最初提出的目的是城市雨水管理，但随着其理论的应用与深化，低冲击开发模式的外延在不断拓展，已上升为城市与自然和谐相处的一种城市发展模式。城市公共空间作为低冲击开发模式的主要载体，必须具备“收获雨水”的功能。

## 一、屋顶绿化

“收获雨水”的方法非常多，绿色屋顶就是常见的一种方法。屋顶是一个城市的重要组成部分，屋顶的雨水会冲走很多的物体，例如树叶、大气中的沉淀污染物、屋顶的重金属等。但屋顶的雨水水质相比街道上地表径流雨水水质更好。因此，屋顶的雨水是一项宝贵的资源，综合屋顶绿化，减少屋顶雨水的外排，过剩的雨水以及浇灌用水可以通过雨水收集系统再利用。此外，屋顶绿化给城市带来巨大的环境效益和经济效益，营造一个更舒适的生活环境。大量的研究表明，屋顶绿化能带来缓解城市热岛效应、提高城市空气质量、减轻城市雨水处理系统的负荷、提高建筑的节能效益和增添城市的美感等效益。

本书第四章中介绍的美国加州科学博物馆（California Academy of Science）案例就是一个屋顶绿化和雨水循环利用的范本。有人认为，从空中鸟瞰加州科学博物馆的圆屋顶就像巨大的“绿色冰淇淋”凸出地面。这些“绿色冰淇淋”使整个建筑和金门公园周围的绿色空间构成一个整体，实现了建筑与环境的融合统一。除此之外，圆屋顶还节能，因为它具有隔热和通风的功能，确保博物馆空气的清新舒适。

## 二、透水性地面

对于雨水的收集和循环利用,除了屋顶之外,地面是另一个最为关键的要素。可渗透性铺装不同于传统的不可渗透性铺装,通过表层下渗水层的过滤,水可以渗透到泥土中。渗水地表面的优点有很多,从生态角度上来讲,它能减少暴雨期间的高峰水量,让更多的水体渗透到地下,减缓洪峰,并减少洪水灾害。完整的滞水方案将传统排水设施的需要降到最小,因而节省了成本,增加地下水含量并提高了水质。最后,对水再利用也利于植物生长,而这又有助于减少热岛效应。

雨水的收集和循环利用具有多重功能,通过渗透增加地下水,改善生态环境;减少和减缓雨水排水量,防止和降低城市雨洪灾害等。因此,城市公共空间的设计需要充分把建筑的屋顶及地面结合起来,一方面利用绿化和屋顶收集雨水,作为城市公共空间的中的景观用水。另一方面通过可渗水地面将雨水保留在土壤中。

除了屋顶绿化与雨水收集、渗水地面处理外,另外的一些措施也有助于提高雨水收集和循环利用的效率,如垃圾拦截器、洼地、过滤渠等方式。

## 三、垃圾拦截器

垃圾拦截器是处理雨水冲击物的第一道屏障,如同城市垃圾处理器,有助于清理大体积污染物,主要包括废弃物、垃圾和体积较大的沉淀物。如能利用垃圾拦截器先清除或隔离大体积的污染物,将为下游的雨水处理减轻极大的负担并有效地降低成本。

## 四、洼地

洼地一般由草地或密集植物生长地形成,为线性的地面低洼区域,兼具蓄水与治水的功能。洼地在流通雨水的同时可以清除雨水冲击物中的大体积污染物,如垃圾、大颗粒沉淀物等。如能善加利用洼地，在其周围修筑围堤，内部进行植树绿化，平日可作休闲之所，汛期可作蓄水之用，对于城市治水也意义非凡。

## 五、过滤性沟渠

过滤性沟渠为低浅的、挖空的沟渠，内部由碎石、多孔砖填满，可直通雨水冲击物收集处，不仅能提高水面高度和增加地下水流量，还能减缓雨水流动速度。过滤沟里层覆盖着土工布，以防泥土流动到沟里的碎石和多孔砖中。填充物表层罩有生物纤维网以及一层薄薄的表层土。雨水经过滤沟流出后渗入周边泥土中，而污染物则被留在沟内。同时，经处理过的沟内的雨水将会输送到管道系统之中，以缩短雨水的排放距离。污染物能否被完全清除或分解则要由当地土壤酸碱性和坡度而定。

## 六、生物沉淀系统

生物滞留、沉淀系统可以有效减缓雨水的流速度及支流的水量，是雨水处理的一大处理方法。生物滞留系统能有效蓄集雨水，减缓雨水的流速，保证沉淀物不会与其他污染物一同被雨水冲走。

低冲击开发模式在美国和欧洲已经进入系统化、法规化的应用阶段，而在国内还是一个新生物，需要政府出台相关政策法规推动其发展。它既强调发展又注重保护，让城市与大自然共生，使城市建成后不影响原有自然环境的地表径流量。低冲击开发模式能有效缓解雨水径流污染，降低开发区域的排水量和洪峰流量，改善城市生态环境，对建设可持续发展的生态城市具有重要意义。

# 第三节　零碳空间案例

## 一、知水善用

获得ASLA2010综合设计荣誉奖的康涅狄格州水处理设施(Connecticut Water Treatment Facility)项目位于纽黑文郊区，为康涅狄格州南部中央区域水利局储备水源设施，靠近伊莱·惠特尼博物馆。它既非简单的景观缓冲区，也不是独立的公园，虽属私人拥有却为公共服务，开启了市政基础设施建设的新篇章。康涅狄格州位于美国东北部，属老工业基地。

整个项目预算超低，每平方英尺只有5美元。在如此有限的预算下，Michael Van Valkenburgh事务所公司的设计师们采用了修复生态学和生物工程技术。景观设计师充分利用土壤、水、植物等景观基本要素，并与建筑设计师通力合作，将场地内的大部分建筑置于地形之下，衬托出其简洁明快的线条，同时强化了景观作为视觉焦点的作用。为了降低土地外运带来的高额成本，设计师们因地制宜，将土壤在场地中重新分配，将从前静态的平整的草坪转变为动态的生态性多样化的公共场所。土壤再利用坚持就近原则，又顺应水文自然，地势东高西低，场地内的暴雨和建筑绿色屋顶上的雨水留下来的径流流经整个园区汇集到西边的池塘。在这一过程中，植物吸收了水中的杂质，土壤去除了颗粒物，形成一个自然的净化过程。受生态修复学的启发，种植全部采用无须肥料或杀虫剂的当地品种，减少对下游的影响。植物色彩四时而异，植物群落八节而变，增加了季相变化的趣味。

在河道的处理中，沼泽地替代了以往传统的人工设计的排水系统。设计师们应用了大量的椰壳纤维和秸秆纤维，通过对生物工程方法的利用，新地形得以稳固，成本也得以控制。这两种材料可同时促进植物和生物的生长，稳固土壤。在底层和中间层放置了大批椰壳纤维绳和活动桩，清晰地界定出河塘的界线。在上层采用两种不同的材料——秸秆织成的垫和椰壳编成的网，将两者相结合，防止河岸受到侵蚀，又可以保证径流在流向河塘的过程中得到充足的修复同时补给地下水。早在达伽马印度航行之时，他就发现了椰壳纤维的应用。当他来到东非的时候，发现那里的船只非常坚固，但船板并不是用钉子固定的，而是用椰壳纤维做成的绳索固定在一起。这种材料具有耐湿、耐热、韧性强、可降解、造价低的特点。我国椰壳资源非常的丰富，但是在这方面的应用开发还几乎是个空白。

整个项目在极低的预算下，合理利用了修复生态学和生物工程技术，改进了社区对土地的利用方式，并将场地融入其周边环境，吸引附近的居民在美丽的郊野间欣赏水景，为市政基础设施、社区空间和自然生态之间的相互作用提供了新标准。

“处理得非常巧妙。将大众吸引至一个水处理场地并使之了解其工作流程的想法不同凡响。这是一个关于景观、建筑、包括审美之间互动的伟大项目。你可以尽阅水净化的故事。中规中矩的景观设计方案则更具吸引力。对我来说，它有着标杆式的质量。在一个高度城市化的区域它非常突出。我并没有刻意想到那些教育元素，因为它们的品质是如此优美。”这是2010年专业奖评审委员会给这个项目的评语。

## 二、回归本色

伊萨尔河（Isar River）激拍着河岸，唤醒了整座慕尼黑城；五天五夜上涨的洪水，却让人们的眉间充满阴霾。微笑，请不要随着伊萨尔河的流水一同逝去。

起源于奥地利雪山之间的伊萨尔河，贯穿了慕尼黑城——一座充满科技与激情的城市，宝马和欧洲啤酒节是它的象征。河与城的故事贯穿了慕尼黑的历史。这条意为“湍急的冰水”的欧洲第四大河流，原来是河床宽广，岸边有许多石滩，时常改道而留下了多个小水道。19世纪前，它依然保持着原生态，未经过任何的人工改造。而19世纪末期，随着工业化和城市化进程在欧洲的推进，途经城市河段被拉直，缩小了它的河床宽度，河畔两百米处修筑了分层式水泥河床，也利于水运和城

绿色的伊萨尔河，被慕尼黑的人们称为"绿色的母亲"。水泥河床，狭窄的河面，限制了它的流速和泄洪能力，也限制了动植物生长空间。

市土地的开发。另一方面，河道上一共修建了28座水电站，为了保护充足的水流，多个小水道也被填埋，现在只保留了一条水道。一条天然河流，就这样成为了人工的"运河"。

改造后的河流，在慕尼黑的发展历史中给它带来了经济利益，也留下了伤痛的痕迹——洪水、生态破坏和城市肌理的改变。慕尼黑的市民，站在冰冷冷的混凝土护坡上，没有接近自然的机会，有的却是几年就能一遇的洪水。德国有句谚语"在阳光里游泳，没问题；在河流里游泳，是梦想"。慕尼黑的人们望着滔滔洪水的伊萨尔河无限惆怅。百年前，慕尼黑人的梦想是利用一切资源，以致自用；百年后，

改造后的伊萨尔河，河面变宽，河床恢复自然，人们可以在白沙浅滩享受自然的风光，也可以在水质改善后的河流中畅游。

人们开始了反思。平日里伊萨尔河有温润绿色的河水，人们亲切地叫它“绿色的母亲”。可是，为何河畔没有了芦苇清香，没有了鸟语芬芳，没有了母亲最初的模样。最终，一个充满梦想的方案被提上议程，让一条保持自然状态的伊萨尔河穿过慕尼黑城，这就是“伊萨尔河皈依计划”。

“伊萨尔计划”有三大核心目标：增强河流抗洪能力，提高社会休闲质量，恢复城市自然河流景观。这个项目从1995年开始，至2010年已经进行到了第五期也是最后一期的工程了。水泥河床被拆除了，取而代之的是拓宽了的河床，和加宽的河堤。这样，河流的泄洪能力和河流流速都得到了提高，河床也恢复到自然状态。改造工程中，大量的白色沙石用于重塑河畔的浅滩和河中的小岛。这样，动植物有了更多生存空间，人们也拥有了更多接近自然的机会。

对于这条与慕尼黑人朝夕相伴的河流，人们对其水质的梦想是天然浴场水质标准。伊萨尔河虽然看去水质清澈，已经经过污水处理，但是其中微生物含量严重超标。为此，政府投入大量资金，在污水处理过程中增加了144台紫外线处理设备。2005年开始，慕尼黑的人们终于实现了“沐浴在阳光中，沐浴在河流中”的梦想。

这是一个值得我们反思的例子，每个城市中都有河流，每条河流也都被我们唤作母亲。对于自己的母亲，我们都不断索取，任意破坏。伊萨尔的故事，展示给我们的是人们在自我的过错，在更为纯朴本真的自然的城市空间内体会生活的意义，城市的生命活力也可以重生延续。

## 三、西德威尔友谊中学

西德威尔友谊中学秉承“服务于大地”的贵格思想，在景观设计和建筑设计中将一系列行之有效的生物程序用于处理场地垃圾。该生物程序无需另行摄取能量来将高含量的沉淀物转化到场外，而是完全依赖自然生物降解。自然生物系统不会产生沉淀物，但是速度相对较慢并需要较大的场所。西德威尔采用阶梯湿地系统来处理场地内的污水，同时也被用作景观庭院，教师廊厅和生物物种的栖息地。

场地污水处理系统与传统的集中处理系统相比较，无须投入广泛的基础设施，还可最大化的再利用处理后的水源，用于灌溉或冲洗等。最值得称道的是，这种再利用的方式几乎不需要额外的花费。作为此生物程序的重要组成部分，学校的场地污水处理系统每天会收到多达11356升水，并有4天到6天的储水期。场地污水处理系统将建筑排出的污水在地下池进行初级处理，并会在庭院中经过一系列的芦苇台地床进行循环处理（污水表面不可触）。湿地中的碎石种植介质和植物根系上的微生物会有效分解水中的污染物，系统装置中的细流滤器和沙滤器进而将污染物分解。场地污水处理系统中的高质量输出水可用于建筑中的卫生用水。冬天时系统的生物过程更为缓慢，但是其输出的温暖废水可用于保护湿地不会因寒冷而上冻。逢到阴雨天气，建筑屋顶的雨水会被引流至地下蓄水池，以备旱季不时之需。蓄水池若水满则经由磨石泉外溢涌出流入池塘。池塘中若容纳不下过度的水量，就会将水引流到雨水园中。地表其他雨水径流会由系统引导流向雨水园和池塘中，如遇暴雨天气，雨水会填满雨水园，其后缓缓渗进土壤，由土壤进行自然过滤。

# 四、波特兰西南12大街绿色街道

波特兰是美国俄勒冈州最大的城市，季节分明，雨量充沛，平均每年有155个降雨天，且70%的降水集中于冬季。每年集中降雨时，特别是暴雨天气的地表径流对当地河流、溪流所造成的污染问题使市政当局深受其扰。自20世纪90年代起，波特兰市政当局尝试采用“绿色街道”的新理念管理雨水，修建了一些示范性工程，其中波特兰市西南第12大街绿色街道改造项目影响甚广，并因其设计的审慎和精妙，荣获了美国景观建筑协会（ASLA）于2006年颁发的综合设计荣誉奖。

该示范工程位于波特兰州立大学西南角、西南第12大街和莫特高玛街的交叉口，由美国环境服务局的绿色街道专家K·R·佩里（Kevin Robert Perry）担当设计。设计中的点睛之笔就是将西南第12大街东侧人行道上原有的一段绿化带改造成由

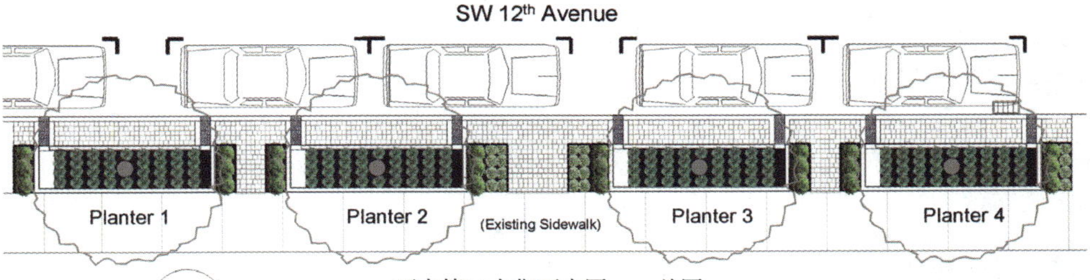


西南第12大街雨水园——总图

N.T.S.

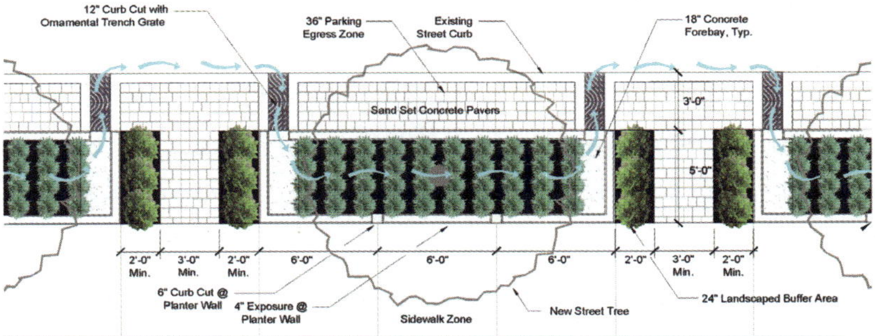


西南第12大街雨水园——详图

N.T.S.

园内种植成排的灯心草，并选用蓝果树作为行道树。

4个独立雨水园组成的雨水处理系统，通过它们来处理周围汇水区的地表径流。设计师不仅将原有的“荒地”重新利用起来，而且还打造出自然优美的景观。

4个相互独立的雨水园沿街呈南北向分布，每个园的两端各设一个雨水进、出的缓冲区。雨水由南向北经进水口进入第一个雨水园，当水面达到15厘米高时，雨水园将无法继续集水，多余的雨水便从出水口流经街道进入下一个雨水园。北端第4个雨水园与原有市政雨水口相连，当它也达到饱和时，多余部分可以经原有的市政排水设施排放，从而完成对雨水的收集、吸收、渗透、清洁过程。在挖造雨水园时，除用土壤填满，还用等量的沙、堆肥及筛选肥土填补。雨水园内种植成排的灯心草，其挺拔的外形减缓水流，尖尖的根系吸水耐旱，倾斜的叶片固定落叶。设计师还选用了极耐干湿的蓝果树作为行道树，由于它绚丽的秋季景色所以被栽种在了雨水园的中心。

为了既满足雨水园所需空间又避免新景观破坏原有街景，设计师首先设计了一个沙子混合水泥砖铺设的停车出口区，清晰自然且艺术性的与步行区相区分。步行者可沿着与雨水园垂直的小路快速地靠近汽车或进入步行区。雨水园上雨水进出的缓冲区采用沟壑装格栅，醒目实用，装饰性极强。

设计巧妙地将暴雨水流限制在雨水园内，利用市区街道现有元素改造出全新的自然景观，使景观不再因雨水而烦，而是因雨水而俏。

# 第六章

# 不仅仅是空间

经历了快速城市化的中国，我们发现，现在的城市已经拥有了城市生活中最为复杂、拥挤和不断改变的不稳定状态。在城市中，建筑和规划成为崇拜和权力的附属物，它不过是历史车轮中过渡和装饰的载体。这不是我们想要的结果，也不是城市的本义，“几百万人一起孤独地生活的地方”不再需要宏伟的建筑、华丽的办公楼、宽广的马路和没有人气的巨型广场，而是需要那些舒适的林荫步道、活力四射的文化广场、安全宜人的街道和自然且亲水的滨水开放空间，这些遵从我们内心的城市公共空间。

不是所有的广场、公园、街道都能称之为城市公共空间，如果缺少公共性，它们只能被称为城市空间。城市公共空间不仅有物理上的意义，也有心理和社会上的意义。广场、街道、公园等仅是它物理上的表现，心理上它是一个能承载公共生活的容器。公共性，指的是城市空间能容纳公共活动的能力，公共性最重要的内容包括开放、自由和民主性。现在的城市公共空间大多既没有私有权的完整体现，也缺乏公共意识，更多的只能被称之为城市空间。

政治理论家迈克尔·沃尔泽( Michael Walzer )把城市空间分为独立的两类：“单一思维( Single-minded )”的空间和“开放思维(Open-minded)”的

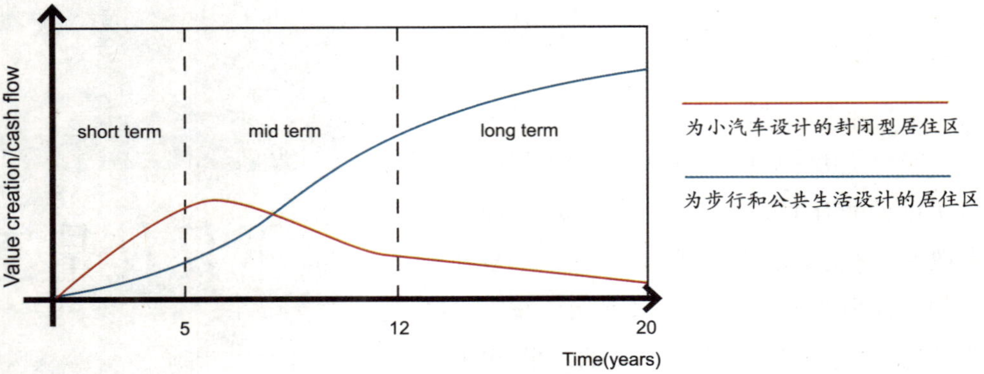


空间。“单一思维”的观念体现了一种认为城市空间是满足一种单一功能的思想，它通常是保守的规划师和发展商决策的后果。“开放思维”的观念认为城市空间是多功能的，并且被演化或被设计成任何人均可参与的，为多种用途服务的空间。理查德·罗杰斯在他的《小小地球上的城市》中认为：在城市设计中，我们为了满足各种无法避免的个人需求类型，强调了前一类思维方式而忽视了后一类思维方式。“开放思维”让位于“单一思维”。结果我们看到的是包容性的城市理想遭受到破坏。[69]

现在，我们已经看到城市中越来越多的“单一思维”空间的产生和“开放思维”空间的消失，如封闭管理的居住小区、会员制的酒店等。城市除了被道路分割外，还被一堵堵的围墙所包围，这就导致了人们对公共生活和公共环境的离弃，转向了私人生活和空间的私有化。

Leinberger研究比较了为小汽车设计的封闭型居住区和为步行和公共生活设计的居住区的长期利益和短期利益。[70]虽然在启动的5至7年内，封闭性居住区的价值比开放性居住区高，但是过了这个阶段，其价值就会慢慢降低，直至被废弃。这个事实在我们过去的实践中已经得到验证，有多少城市居住小区，在短短的十几二十年内就完成了它的寿命。而欧洲的古老街区往往有几百年或是上千年的历史，至今依然是城市中最具活力的空间。封闭内向，只注重自身，轻视城市生活的发展模式终将被城市所抛弃。开放外向、注重城市生活的开发模式才能保证城市长远利益。

一个有充满生活气息的城市，一个拥有良好公共空间的城市，它所带来的长远效益是多方面的。如靠近有活力的城市公共空间的地价、租金往往比其他地区高，这既保持了城市的密度，又保证了环境的质量，而且还降低了管理、维护、能源和安全的消耗。土地和资产价值的稳定增产，又吸引了更多的投资，形成一个良性的循环。

“城管”已经成为一个具有中国特色的名词。政府的原意是希望它能承担起维护和管理城市公共空间的责任，但实际效果却是与之相差甚远，反而成了城市和社会的对立面。怎么才能为城市公共空间寻找一个好“管家”呢？城市公共空间的维护和管理一直是个难题，也是个充满争议的话题，需要用智慧去解决。如果只依靠政府公共部门的管理是不够的，事实已经证明了其不仅无效，还将取得相反的结果。

城市空间并非一朝一夕就能形成的，城市设计起始于一连串决策的过程，日常的决策过程是城市设计真正的媒介。[71]传统家长式的决策体系——以市长为首的政府机构担任城市决策者的角色——冗长的官僚体系和僵化的计划指令式作风阻碍城市建设的进度，甚至给城市带来难以弥补的巨大损失。并且在这种决策体系中，政府往往既是球员又是裁判，很容易因为“自身”利益而背叛公众利益，要使各个群体的利益在城市规划建设中都得以体现，传统“少数人游戏”的决策体系必须改革，成为多数人参与的现代决策体系。

我们需要建立一个与各个利益体都能参与的系统，来维护城市公共空间的品质与公共性。各种参与者对城市建设、城市场所关注的内容各有不同。土地出让单位和开发资金投资者往往只关注短期的经济回报。与此同时，管理机构、物业拥有者和社区居民则更多地考虑长期利益。只有将政府、开发商、设计师、投资者、公众的利益诉求结合起来才能实现短、长期利益的兼顾，才能维护和管理好城市公共空间。

在这个系统中，政府、企业、私人、社区都应该承担相应的责任和义务，没有一者应该凌驾于另一者之上。他们之间的合作关系应该根据实际情况的不同而改变。

关键是认清他们彼此在管理城市空间中的优势和劣势，从而合理地应用到实际情况中。尤其重要的是，要让市民、社区真正变成城市公共空间管理的主体，而非现在的“城管”。

在城市规划和建设的游戏中，我们就像身处一个封闭的隧道，能看到的只是隧道的前后——眼前非常狭窄的利益。大尺度街区、大马路、高楼大厦、封闭的居住小区，我们已经习惯性地认为这些将给城市带来经济和安全。这种认知是片面和有局限性的，其带来的只是短期的经济效益和安全，城市的长期效益来自于充满活力的城市生活和承载它们的城市公共空间。我们应跳出陷身的隧道，着眼城市的长远发展。

长远的眼光对一个城市来说是多么的重要，我们应该而且必须去建设那些可以传承永久的东西。一个宽容的城市，需要一个宽容的社会，更需要一个包容的城市公共空间。未来的城市公共空间必须具备众多的要素，如公共性、安全性、参与性、多样性、可达性、时间性、生态性等，并不能保证有此要素的城市公共空间一定是成功的，但缺乏了这些的公共空间注定是失败的。

城市从来不只是三维的，而应该是四维，那就是应该加上时间这个因素。城市不仅跟随时间的周期而跳动，更是随着时间的累积而生动。城市的故事在历史的时间轴线中慢慢展开。城市，就和生命体一样，有出生、童年、成长和衰落这些岁月的痕迹，印刻在城市的肌理和环境中。工业革命以后，对城市历史的延续性的不重视和破坏，导致千城一面，求大求新。无论身处多么有历史的城市，人们已经无法阅读它关于时间的故事。城市公共空间，应该承载岁月的流逝和群体的记忆，注重历史对城市肌理留下的痕迹。这种记忆来自于街道、广场周边各个历史时期的建筑不经意地留给人们历史的记忆，也有一些纪念性标志建筑或是构筑物刻意提醒人们城市过去的辉煌或是难忘的事件。保留和重建并不是黑白分明的问题。完全保留不一定是对的，完全重建也不一定是错的。只是，在我们设计和建设城市时，一定要有时间延续性的观点。只有用心去聆听过去的故事，今天的故事才能说给后人听。

聆听，是音乐的主旋律。城市也一样，需要我们跟随城市的内心，用一种包容、虔诚的心态去聆听大地的声音，而不是用激进、疯狂的心理去建设我们的城市。城市公共空间，这个聆听音乐最好的场所，更需被精心打理和呵护。城市需要一个经久不衰、多元化、能不断自我更新的公共空间，一个充满机会、令人兴奋的公共空间。这个空间连接了城市与建筑、城市与人、建筑与建筑，最为重要的是通过这些尺度适宜的空间建立人与人、人与自然之间沟通的桥梁。

# 参考文献


[ 1 ]Henry David Thoreau( 亨利 D. T. ). 瓦尔登湖[M]. 徐迟，译.上海：上海译文出版社，2009.

[ 2 ]Lewis Mumford(刘易斯 M.). 城市发展史[M]. 倪文彦，宋俊岭，译.北京：中国建筑工业出版社，1989.

[ 3 ]Giovanni Botero.The Greatness of Cities & The Reason of State ( 1588,1606 ), Translo by D.P. And P. J. Walley. Yale: Yale unineristy press, 1956.

[ 4 ]John Reader. 城市[M]. 郝笑丛，译. 北京：清华大学出版社，2010.

[ 5 ]董鉴泓.中国城市建设史[M]. 第三版. 北京：中国建筑工业出版社，2004.

[ 6 ]蒋涤非.城市形态活力论[M]. 南京：东南大学出版社，2007.

[ 7 ]Ian Lennox McHarg( 伊安 L. M. ) . 设计结合自然[M]. 黄经纬，译.天津：天津大学出版社，2006.

[ 8 ]夏建统.从西方到东方一段探索自然和文化的精神之旅[M]. 北京：中国建筑工业出版社，2005.

[ 9 ]Eliel Saarinen( 伊利尔 S. ). 城市——它的发展、衰败与未来[M].顾启源，译.北京：中国建筑工业出版社，1986.

[ 10 ]Aldo Leopold.( 奥尔多 L. ). A Sand County Almance[M]. New York: Ballantine Books, 1986.

[ 11 ]安帯. 大师的艺术课[M]. 长春：吉林出版集团有限责任公司，2009.

[ 12 ]同[11]

[ 13 ]Richard Register( 理查德 R.). 生态城市[M].王如松，于占杰，译.北京：社会科学文献出版社，2010.

[ 14 ]同[1]

[ 15 ]Jane Jacobs( 简 J. ). 美国大城市的死与生[M].金衡山，译.南京：译林出版社，2006.

[ 16 ]孔尚任.桃花扇[M]. 北京：人民文学出版社，1959.

[ 17 ]张庭伟. 闻道则喜——读约翰·弗里德曼规划著作的一些心得[J].国外城市规划，2005，( 05 )：1-3.

[ 18 ]金萍.排水管道的施工及其要点[J].中国新技术新产品，2010，( 05 )：15-19.

[ 19 ]John Reader. 城市[M]. 郝笑丛，译.北京：清华大学出版社，2010.

[ 20 ]常红：北京每百户私人汽车拥有量60辆以上[EB/OL]. [2011-07-18].http://politics.people.com.cn/GB/14562/1518172.html

[ 21 ]邓艳玲. 青岛老建筑还魂记[J]. 中国周刊，2011，( 06 )：110-113.

[ 22 ]刘安.淮南子·说山川[M]. 南京：凤凰出版传媒集团，凤凰出版社，2009.

[ 23 ]吴清源，桐山桂一. 中的精神：吴清源自传[M]. 第二版. 王亦青，译. 北京：中信出版社，2010.

[ 24 ]孟元老.东京梦华录.王永宽，注译. 北京：中国古籍出版社，2010.6.

[ 25 ]Peter Walker and Melanie Simo. Invisible Gardens—The Search for Modernism in the American Landscape[M].MIT,1994.

[ 26 ]同[17]

[ 27 ]陈愉庆.多少往事烟雨中[M].北京：人民文学出版社，2010.

[ 28 ]Ebenezer Howard. 明日的田园城市[M]. 金经元，译. 北京：商务印书馆，2000.

[ 29 ]Peter Walker and Melanie Simo. Invisible Gardens—The Search for Modernism in the American Landscape[M].MIT,1994.

[ 30 ]IanBently，ect. Responsive Environments[M].London:Architectural Press,1985.

[ 31 ]Gordon Cullen. The Concise Townscape[M]. London: Architectural Press,1961.

[ 32 ]凯文·林奇. 城市形态[M].林庆怡,等,译. 北京:华夏出版社,2001.

[ 33 ]Alexander Garvin. 美国城市规划设计的对与错[M].第二版.黄艳,译.北京:中国建筑工业出版社,2010.

[ 34 ]同[ 32 ]

[ 35 ]Charles E. Beveridge, Paul Rocheleau. Frederick Law Olmsted. New York: Universe Publishing,1998.

[ 36 ]杨冬辉. 因循自然的景观规划:从发达国家的水域空间规划看城市景观的新需求[J].中国园林,2002,( 4 ):12—16.

[ 37 ]同[ 33 ]

[ 38 ]同[ 33 ]

[ 39 ]U.S.Dept.of Commerce,Bureau of the Census,Statistical Abstract of the United States(1987) and (1991),Washington,D.C.

[ 40 ]同[ 33 ]

[ 41 ]同[ 8 ]

[ 42 ]张钦南. 阅读城市. 北京:三联书店,2004.

[ 43 ]宗白华,美学散步,上海:上海人民出版社,1981.

[ 44 ]阿诺德·约瑟夫·汤因比.历史研究[ M ]. 郭小凌,王皖强,译. 上海:上海人民出版社,2010.

[ 45 ]同[ 44 ]

[ 46 ]同[ 15 ]

[ 47 ]缪朴. 亚太城市的公共空间[M].司玲,司然,译.北京:中国建筑工业出版社,2007.

[ 48 ]Lewis Mumford. 城市发展史[M]. 倪文彦,宋俊岭,译.北京:中国建筑工业出版社,2005.

[ 49 ]同[ 15 ]

[ 50 ]都勒·布伦. 广场的故事[M]. 北京：中国电影出版社，2005.

[ 51 ]芦园义信( 1918-2003 )：日本当代著名建筑师。

[ 52 ]Lewis Mumford. 城市发展史[M].倪文彦，宋俊岭，译.北京：中国建筑工业出版社，2005.

[ 53 ]斯皮罗·科斯托夫. 城市的组合——历史进程中城市形态的元素[M]. 邓东，译. 北京：中国建筑出版社，2008.

[ 54 ]Frederick LO. Public Parks and the Enlargement of Towns [M]. Cambridge, Mass.:MIT Press,1971.

[ 55 ]同[ 33 ]

[ 56 ]刘扬，李文，徐坚. 城市公园规划设计[M].北京:化学工业出版社，2010.

[ 57 ]肖江碧. 921集集震灾都市防灾调查研究报告总结报告[ R ]. 台湾：台湾省“内政部”建筑研究所，1999.

[ 58 ]Peter Walker and Melanie Simo. Invisible Gardens—The Search for Modernism in the American Landscape[M].MIT,1994.

[ 59 ]Frederick Law Olmsted. Walks and Talks of an American Farmer in England [M]. Ann Arbor: University of Michigan Press，1975.

[ 60 ]汪克田.休闲琴湖，魅力琴川——常熟市琴湖滨水地区城市设计实践[J]. 理想空间，2010,8( 40 )：054-059.

[ 61 ]杨继霞.城市滨水地区开发研究——以宿迁项王故里景区开发为例[ D ]. 西安：西安建筑科技大学，2008.

[ 62 ]Allan B.Jacobs. 伟大的街道[M].王又佳，金秋野，译.北京：中国建筑工业出版社，2009.

[ 63 ]邱书杰.作为城市公共空间的城市街道空间规划策略[J].建筑学报，2007,3：9-14.

[ 64 ]Marshall Berman. All That Is Solid Melts into air[M].New York:Viking Penguin,1982.

[ 65 ]同[ 64 ]

[ 66 ]Allan B.Jacobs. 伟大的街道[M].王又佳，金秋野，译.北京：中国建筑工业出版社，2009.

[ 67 ]同[ 66 ]

[ 68 ]John Ormsbee Simonds. 景观设计学[M].俞孔坚，王志芳，孙鹏，译.北京：中国建筑工业出版社，2002.

[ 69 ]理查德·罗杰斯. 小小地球上的城市[M]. 仲德，译. 北京：中国建筑工业出版社，2004.

[ 70 ]Leinberger, C B. The need for alternatives to the nineteen standard real estate products [J]. Places, 2005, 17(2): 24-29.

[ 71 ]巴奈特. 都市设计概念[M]. 谢庆达，庄建德，译.台北：创兴出版社，1982.

# 后　记

一直希望将城市设计的专业内容用通俗的语言传达给普通读者，想用通俗、有趣而非专业化的语言邀请那些城市管理者和对城市有兴趣的人一起来阅读。希望可以更加广泛的影响那些非专业但却是城市真正的使用者们。

城市是一个由多元子系统耦合于空间上的复杂巨系统，人是这个系统中最为关键、重要的因素，也是最为复杂的因素。只有每个人都了解了城市的本义，并积极主动地参与到城市的管理和建设中来，才能发挥城市最大的效能。目前，我国的城市发展大多是依托高碳能源的不可持续发展模式。要改变这种状态，就需要用"零空间"的思维和角度去解决城市的平衡，以达到城市长远的平衡，实现城市的包容与智慧增长。

非常感谢全国市长研修学院，让我有机会把关于城市的一些零碎想法传递给全国的城市规划管理者和那些对城市感兴趣的人们，而他们的很多想法和实践在城市建设中往往会起到至关重要的作用，也希望通过本书为这些城市的参与者们提供一种可选择性的思路。

本书的完成得到了众多朋友的支持和帮助，没有他们慷慨的贡献，本书的付梓将是不可能的，在这里，我要对他们表示深深的谢意。

感谢在XWHO｜RECON公司中工作的搭档，特别是汪克田、王福、张伟、张鹤予、叶滔、柴珏伟、吴晨阳在参与本书的编写、资料收集、校对等工作中所做的贡献和努力；同时感谢为本书提供了大量精美图片的Richard Haag、Tim、Brandon

St. Peters、Joy、Rachael、Jesse、陈晨、张希琳、Vanness、周懿斐、廖芳艳、Paul、Daniel、Richard Shinoda、Will Spaetzel、Della、Noel Y. Calingasan、Eszter Sara Kospal、Kayo Shibano、Sean、西雅图政府、John Feister、Martin Ehresman、Jannis Kranz、Matt、Charles Barthold、David Doyle、Eric、Kara Fraser、Nicholas Stevens、Macro Capecchi、Aroop Sircar、Patty Albertson、Ken Smith公司、Mimi、Adam Fagen、Rob Zand、George Oates、Jeff Dlouhy、Kris Calhoun、CLOTHESCRAWLER、mbell1975、雷爱君、Summer Gu,nag's,Charlie Vinz、波特兰环境发展局,以及为本书绘制精美插画的黄星力、孙建波、许可、欧阳李、徐芳等等。

通过多年的实践,大批的政府工作人员、开发商、规划师、建筑师成为我重要的顾问、同事和朋友,在此表示由衷的感谢。

由于时间及水平所限,书中不贴切与欠妥之处,敬请读者批评指正。

# 编后语

为适应市长培训工作需要，全国市长研修学院以科学发展观为指导，围绕市长培训教学涉及的住房和城乡建设事业发展领域的一些重大问题，组织有关专家和政府资深官员，编写了供城市领导培训学习参考用的系列教材。

教材内容主要包括需要城市领导掌握的住房和城乡管理方面的基本知识、发展方向、政策决策重点以及精选案例。在教材编写过程中，我们力求融理论性、知识性、政策性于一体，着重突出时代性、实效性、权威性和可操作性，并且在适应城市领导学习需要的前提下，尽可能地考虑其他相关领域领导干部以及广大读者的学习需要。

《城市公共空间规划设计》是市长培训教材系列中的一本重要教材。主要包括“城”与“市”的内涵、公共空间的理解、公共空间的系统规划、公共空间的构成要素等内容。作者多年从事城市公共空间规划设计领域的课题研究与实践工作，具有丰富的理论与实践经验，本书即是作者多年实践总结和潜心理论研究的重要成果之一，相信对读者的学习和工作会有不可多得的帮助。

参与本书大纲评审、初稿修订的人员有宋言平、宓志坚、陈超、刘悦、张宁。

美国能源基金会对本书的编写给予了大力支持，中国城市出版社在编辑出版过程中做了大量工作。在此，谨对提供帮助、支持的单位和个人表示衷心感谢。

最后，我们恳切希望城市领导、管理者、研究人员以及广大读者对教材多提宝贵意见，以期把中国市长培训教材编写得更好。

全国市长研修学院　王忠平

2012年8月